조덕현의 재미있는 독버섯 이야기

조덕현의 재미있는
독버섯 이야기

조덕현 지음

YANG MOON

일러두기

1. 독버섯의 독의 기준을 정하기는 어렵지만, 이 책에서는 맹독버섯(먹으면 목숨을 잃게 되는 버섯), 준맹독버섯(먹었을 때 빨리 병원으로 후송하지 않으면 목숨이 위태로운 버섯), 일반독버섯(먹으면 가벼운 중독증상을 일으키다가 회복되는 버섯)으로 분류했다.
2. 갓(균모)의 크기는 5센티미터 이하를 소형, 6~10센티미터를 중형, 10센티미터 이상을 대형으로 분류했다.
3. 자루의 길이는 5센티미터 이하는 짧다, 5~7센티미터는 비교적 짧다, 8~10센티미터는 비교적 길다, 10센티미터 이상은 길다로 분류했다.
4. 포자의 크기는 5마이크로미터(μm) 이하를 소형, 6~10마이크로미터를 중형, 10마이크로미터 이상을 대형으로 분류했다.

머리말
독버섯은 인간에게 유용한 생물이다

숲속 여기저기 구석진 곳에 만지면 부러질 듯 돋아나는 버섯은 청순하고 순수한 자연의 색깔을 가지고 있다. 마치 막 계곡에서 목욕을 하고 나온 선녀 같은 그 싱싱한 아름다움 덕분에 사람들은 흔히 버섯을 숲속의 요정이라 부른다.

생태계 안에서 버섯은 분해자로서 죽은 동식물의 사체를 썩혀 환원시키는 역할을 함으로써 자연을 깨끗이 하기 때문에 자연의 청소부라 불린다. 또한 버섯은 사람들에게 먹을거리를 제공하는 식량으로서 대지의 음식이라는 칭호도 가지고 있다. 이렇듯 여러 가지 이름으로 불리는 버섯이 사람들에게 여러모로 주요한 생물임에는 틀림없다. 그럼에도 사람들은 버섯을 하찮은 식물로 생각하며 대수롭지 않게 여기기도 한다.

우리는 오래전부터 여러 종류의 버섯을 먹었고, 가끔은 버섯의 독 때문에 고통도 겪어 왔다. 식용을 하는 버섯 가운데 우리나라에서는 송이버섯을 가장 귀하게 여기고, 서양에서는 송로버섯이 최고로 대접받고 있다. 이처럼 먹는 버섯에 대한 기호는 동서양이 서로 다르지만, 독버섯에 대한 인식은 대부분 일치하고 있다.

사람들은 버섯을 먹을 수 있는지의 여부로만 구별하여, 먹지 못하는 버섯은 무조건 독버섯으로 취급한다. 또한 빛깔이 울긋불긋 아름다우면 독버섯으로 생각하는데 이것은 옛날부터 내려오는 잘못된 생각일 뿐이다. 색깔이 화려한 것 중에도 아주 맛있는 버섯이 있고, 평범하게 보이는 버섯 가운데 무서운 독성분을 가진 것도 많다.

그러면 독버섯을 어떻게 정의할 수 있을까? 사실 독버섯을 한마디로 표현하기는 어렵다. 우리가 흔히 말하는 독버섯은 다양한 성분을 가지고 있는데, 독성분을 가지고 있더라도 아주 적은 양이면 사람에게 무해하고, 아주 적은 양이라도 청산가리 같은 성분일 때는 사람에게 해를 주기 때문이다. 아무튼 독버섯은 사람과 동물의 생명이나 건강에 해로운 성분을 가진 버섯이라고 달할 수 있다. 그러나 해로운 성분이라 해도 독성분의 질과 양에 따라 해로운 정도가 다르고, 사람이나 동물의 종류에 따라 그 영향이 달리 나타날 수가 있다. 따라서 독성분을 가지고 있다고 해도 모두가 사람과 동물의 생명을 위태롭게 하는 것은 아닌 것이다.

독버섯은 자연 생태계에서 발생했다가 금세 사라져버리는 것이 아니라 인간의 삶 가까이에서 더불어 살아가는 생물이다. 이 책이 이러한 독버섯의 가치를 알리는 길잡이가 되기를 바란다.

끝으로 이 책을 쓰는 데 독버섯의 성분과 중독증상의 자료를 제공해준 홋카이도대학의 시라하마 박사에게 심심한 사의를 전하며, 원고와 사진정리를 도와준 조덕현 버섯연구소 정재연 소장에게도 고마운 마음을 전한다.

2007년 10월
조 덕 현

차 례

머리말 | 독버섯은 인간에게 유용한 생물이다 5

제1부 자연의 청소부 독버섯 이야기

1. 버섯은 어떤 생물일까 · 13
버섯의 정의 13 | 생물로서 버섯의 위치 13 | 버섯과 곰팡이의 차이점 15 | 버섯의 구조와 생활사 15 | 버섯의 이름은 자기를 대변한다 18 | 한국의 버섯 20 | 버섯의 적응 21 | 생태계에서 독버섯과 버섯의 역할 23

2. 독버섯의 대명사 광대버섯 · 26
광대버섯의 탄생 26 | 광대버섯은 변신의 명수 28 | 광대버섯의 비밀 29 | 화려한 색깔 때문에 독버섯으로 오해받는 황제버섯 30 | 버섯과 달팽이의 사랑 31

3. 환각버섯의 여행 · 34
환각성 버섯의 비밀 34 | 사람을 웃기는 환각버섯은 귀신들린 버섯 37  환각의 세계로 이끄는 버섯 39 | 춤추는 버섯 39

4. 독버섯이 만든 문화 · 42
독버섯과 식용버섯의 차이는 종이 한 장 42 | 송이에도 독이 있다 43 | 독버섯을 독약으로 이용 44 | 신이 된 버섯 44 | 버섯이 맺어준 사랑 45 | 독버섯을 숭배한 사람들 46 | 우표에 나타난 독버섯 48

5. 독버섯과 사람의 투쟁 · 51
독버섯을 먹었을 때는 병원으로 51 | 독버섯 중독 치료법 51 | 궁합이 안 맞는 독버섯과 알코올 53 | 고대 사람들의 버섯과의 투쟁 54

6. 독버섯과의 공존 · 55
독버섯 중독의 특성 56 | 독버섯의 치사량 57 | 버섯을 먹을 때 주의할 점 57

제2부 독버섯들이 살아가는 이야기

1. 천사의 탈을 쓴 죽음의 버섯 ·· 61
   죽음의 모자를 쓰고 있는 독버섯 61 | 눈부시게 화려한 면사포를 쓴 독버섯 62 | 광대춤을 추는 독버섯 65 | 흙속에 몸을 도사린 독버섯 71 | 버섯을 닮지 않은 버섯 75

2. 소문난 무서운 독버섯 ·· 78
   광대버섯들의 소문 78 | 겉 다르고 속 다른 송이버섯들 82

3. 사람의 혼을 확 빼앗아가는 버섯 ·· 87
   환각의 세계로 이끄는 독버섯 87 | 사람의 정신을 빼가는 독버섯 92

4. 포식자에게 장해를 주는 독버섯 ·· 96
   자기희생으로 종족을 보존하는 송이과 버섯류 96 | 이름과 다른 비단그물버섯류 98 | 병 주고 약 주는 싸리버섯들 101

5. 이름으로 승부하는 버섯 ·· 105
   이름만 들어도 떨리는 버섯 105 | 위장계통과 신경계통을 건드리는 버섯 111 | 이름값 못하는 독버섯 119 | 무당의 옷을 입은 버섯 124

6. 독버섯들의 음모 ·· 131
   젖속에 독을 숨긴 버섯 131 | 땀으로 위협하는 버섯 144 | 송이라는 이름의 덫에 걸린 독버섯 151 | 주름살이 마술을 부리는 독버섯 160

7. 여러 형태로 천적과 싸우는 버섯 ·· 169
   갓을 쓰고 나타나는 독버섯 169 | 비늘을 뒤집어쓴 독버섯 173 | 양탄자처럼 부드러운 독버섯 178 | 깔때기 모양의 독버섯 182 | 나팔소리로 위험을 알리는 독버섯 185 | 점액으로 사로잡는 독버섯 187 | 소뿔 모양의 독버섯 188 | 편안한 말안장의 독버섯 189 | 그물로 위장한 독버섯 192 | 화산처럼 포자를 내뿜는 독버섯 202

8. 독버섯과 사람은 인연인가 악연인가 ·······································204
술을 만나면 독성을 내뿜는 버섯 204 | 사람과 더불어 즐겁게 사는 버섯 207

부록
1. 버섯의 용어 설명 211
2. 독버섯의 독성분 설명 213
3. 버섯의 구조와 형태 215
4. 멜저액에 의한 생화학적 반응 실험 218

참고문헌 219
버섯이름 찾아보기 221
버섯학명 찾아보기 225

제1부
자연의 청소부 독버섯 이야기

1. 버섯은 어떤 생물일까

버섯의 정의

버섯은 유성생식이 분명하며 자실체(子實體)를 뚜렷이 형성하는 균류라고 정의할 수 있다. 하지만 꽃동충하초는 자실체가 뚜렷하지만 유성생식은 밝혀지지 않았기 때문에 버섯이라고 말할 수 없다.

생물로서 버섯의 위치

생물로서의 버섯의 속성에 대해서는 모르는 사람이 의외로 많다. 흔히 버섯에 대해 먹을 수 있는가의 여부나 독버섯인가만을 따지지 그 밖의 속성에 대해서는 대부분 무관심하기 때문이다. 사람들은 지구상의 생물을 보통 식물과 동물로 분류한다. 그런데 과학자들의 연구 결과, 무수한 종의 생물들이 식물도 동물도 아닌 존재라는 것을 알게 되었다. 버섯도 그러한 생물에 속한다.

움직이지 않고 가만히 한곳에서 생활하는 것을 보면 버섯은 식물과 닮았다고 볼 수 있다. 하지만 엽록소를 가지고 있지 않아서 영양분을 스스로 만들지 못하기 때문에 식물로 분류하기가 어려워진다. 식물이 만들어 놓은 영양분을 먹고 살지만, 동물처럼 여기저기 이동하는 것이 아니기 때문에 동물로 보기도 어렵다. 결국 주로 식물이 만들어놓은 것을 먹고 산다는 점에서는 동물에 가깝고, 움직이지 않는다는 점에서는 식물에 가깝기 때문에 식물과 동물의 중간에 해당한다고 볼 수 있는데, 이러한 생물들을 균류라 부른다.

생태계에서 버섯은 주로 죽은 동물의 사체를 분해하여 영양분을 얻기 때문에 흔히 분해자라고 불린다. 원래의 영양분은 식물이 물과 이산화탄소의 무기물을 원료로 광합성작용을 하여 포도당이라는 유기물을 만든 것이다. 그렇게 식물이 만든 것을 동물이 먹고 살지만 동물은 언젠가는 죽게 마련이다. 이렇게 죽은 식물이나 동물, 사람들의 사체가 썩지 않고 그대로 있다면, 지금쯤 지구는 온갖 생명체의 사체들로 꼼짝할 수 없는 지경이 되고 말았을 것이다. 그러나 다행히 유기물로 되어 있는 모든 사체들은 버섯 같은 생물들이 분해하여 다시 이산화탄소와 물로 만들어버린다. 원래 식물이 광합성을 통해 이산화탄소와 물로 유기물을 만들었듯이, 사체를 다시 이산화탄소와 물로 돌려놓기 때문에 이러한 생물을 환원자라고도 부른다.

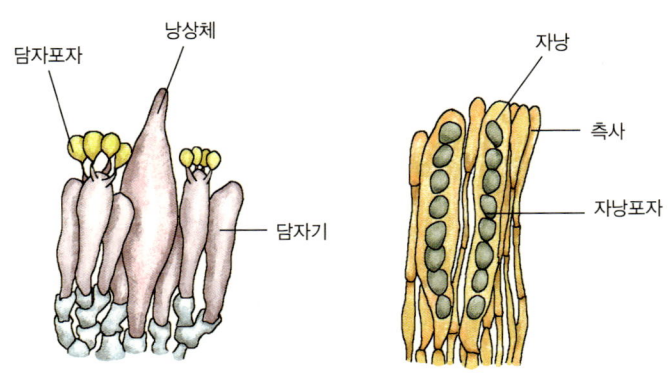

담자기와 자낭의 구조

버섯의 무리는 크게 담자균류와 자낭균류로 나뉘는데, 담자균류는 담자기에 포자를 네 개 만드는 무리로 흔히 사람들이 버섯이라고 부르는 것들이 대부분 여기에 해당된다. 이 가운데 주름살에 포자를 만드는 것을 주름버섯이라 하고, 주름살이 아닌 것에 포자를 만드는 것을 민주름버섯이라 한다. 그리고 사람 배처럼 둥근 모양에 포자를 만드는 것을 복균류라 한다. 자낭균류는 자낭이라고 하는 주머니 모양에 여덟 개의 포자를 만드는 것들로 주발모양 등 여러 가지가 있다.

버섯과 곰팡이의 차이점

분류학적으로 버섯을 균류라 부르는데, 이 무리에 속하는 다른 균류 가운데는 곰팡이가 있다. 즉 푸른곰팡이, 누룩곰팡이 등도 몸체가 균사로 되어 있어서 균류라 부른다. 버섯이 뚜렷한 형태를 가지고 있는 반면, 푸른곰팡이나 누룩곰팡이 등은 형태, 즉 모양이 없다는 것으로 서로 구분한다. 곰팡이는 색깔은 가지고 있지만 모양은 없는 것들이다. 그러나 현미경으로 보면 곰팡이도 실 같은 균사로 되어 있다는 것을 알 수 있다. 따라서 버섯은 균류 무리 가운데 가장 진화된 것이라 볼 수 있다.

버섯의 구조와 생활사

버섯은 크게 세 부분으로 구성되어 있다. 흔히 갓이라 부르는 균모가 있고, 그 표면에 인편과 미세한 가루 같은 것이 있다. 균모 밑에는 주름살이 있는데, 이것은 담자기가 모여 이루어진 것으로 포자(홀씨)를 만든다. 균모의 가운데에서 아래로 내려오면 흙에 닿는 자루(대)가 있고, 이 자루에 턱받이가 있다. 자루 맨 밑에 자루를 둥글게 둘러싸고 있는 대주머니가 있는데,

버섯의 일반적인 모양

이 턱받이와 대주머니가 없는 버섯들도 있다. 버섯은 종류에 따라 예외적인 구조를 가진 것이 너무 많다.

　버섯하면 흔히 우산 모양을 생각하지만, 버섯의 모양은 실로 각양각색이다. 그 가운데 가장 많은 것이 우산 모양이고, 선반 모양, 말뚝 모양, 주발 모양 등 하도 많아서 모두 열거할 수가 없을 정도이다. 이렇게 다양한 모양을 가지게 된 것은, 생태계에서 살아남기 위한 생존전략의 한 방법으로 끊임없이 진화해 왔기 때문이다. 생태계에서 살아남기 위해 버섯들도 피나는 투쟁을 하고 있다. 예를 들어 버섯들은 발생 후 빠른 시간 안에 수백억 개의 포자를 만들어 바람에 날려 보내거나 곤충 등의 먹이가 되거나 또는 물에 흘려보내서 종족을 이어가려는 노력을 한다. 이러한 방법은 식물이나 동물에 비해 생태계에서의 생존 조건이 어렵기 때문에 여건이 좋을 때 자손을 퍼뜨리는 전략을 개발한 것이라고 볼 수 있다.

　수백억 개의 포자를 만드는 것 또한 양적 진화의 한 모습일 수 있다. 버섯들은 자기 보호 능력이 없기 때문에 다른 생물의 먹이가 되더라도 그중에 살아남는 것이 있어야 한다. 많은 포자를 만들면 버섯으로 태어날 가능성이 그만큼 많아진다. 생태계 안에서 힘이 없는 생물들은 대부분 종족보존을 위해 양적인 생존전략을 구사한다. 세균인 박테리아를 죽이기 위해 많은 살균제를 사용해도 그들을 결코 박멸할 수 없는 것은 박테리아가 양적으로 많기 때문이다. 박테리아는 거의 16분마다 분열하여 두 마리가 되기 때문에 그 늘어나는 숫자가 엄청나다. 이러한 번식력 대문에 강력한 항생

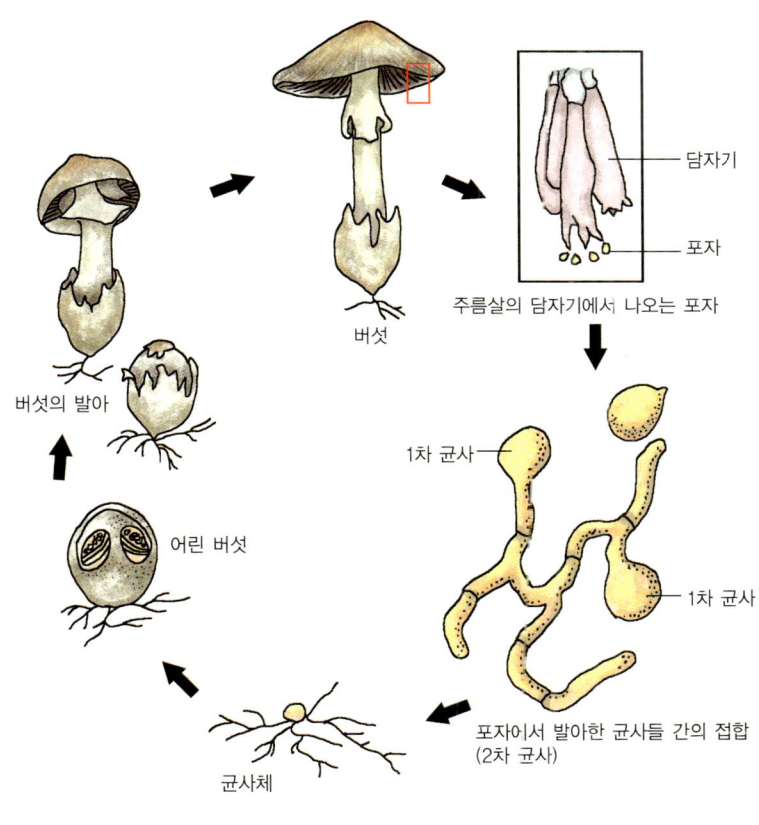

버섯의 일생

제를 사용해도 그 가운데 몇 마리는 살아남게 마련이다. 한국전쟁 때 중공군은 인해전술이라는 전법을 사용했다. 바닷물처럼 엄청난 병력을 투입해서 적을 압도하는 이 전술 때문에 화력이 좋은 국군과 유엔군도 중공군을 당해 낼 재간이 없었다. 마찬가지로 엄청난 양의 포자는 어떠한 환경에서도 일부는 살아남을 수 있게 한다.

버섯의 생활사는 어떻게 이루어질까.

버섯도 생식을 통해 자손을 만들고 대를 이어가는 점에서 사람과 하등의 차이가 없다. 사람의 경우에는 남자가 만든 정충과 여자가 만든 난자가 만나서 아이를 만드는데, 버섯은 포자(홀씨)가 만나서 버섯을 만들게 된다. 흔히 사람들은 포자를 식물의 씨앗과 똑같은 것으로 생각하지만 이들은 사실 전혀 다르다. 식물의 씨앗(종자)을 밭에 뿌리면 발아해서 소나무, 참나무, 벼, 보리가 바로 나오고, 또다시 열매나 씨앗을 만든다. 하지만 버섯의 포자는 발아를 해도 버섯이 되지 않는다. 즉 발아한 포자는 균사(흔히 1차 균사라 부른다)가 되는데, 이것이 또 다른 포자에서 발아한 1차 균사와 만나서 2차 균사를 만들고, 다시 증식하여 3차 균사 등이 된 다음 균사 덩어리가 되어 비로소 버섯이 되는 것이다.

버섯의 이름은 자기를 대변한다

버섯 도감을 보면 버섯의 한글 이름과 함께 반드시 이탤릭체로 쓴 라틴어 '학명(學名)'을 볼 수 있다. 학명은 세계 공통적인 명칭으로 속명(屬名)과 종명(種名)으로 이루어져 있다. 예를 들어 마귀광대버섯이라고 하면 우리는 알 수 있으나 다른 나라 사람들은 알 수 없다. 그러나 마귀광대버섯의 학명인 '*Amanita pantherina*'라고 하면 세계 어느 나라 사람이나 마귀광대버섯이라는 것을 알 수 있는 것이다. 이렇게 세계 공통으로 쓰는 것을 학명이라 하고, 각 나라마다 자기네 말로 쓴 것을 '보통명'이라 한다.

학명은 버섯의 모양이나 색깔, 성질, 성분 등의 특성에 따라 붙인 것이 대부분이다. 모양을 잘 나타내는 이름 중 하나가 깔때기버섯(*Clitocybe gibba*)이다. 이 버섯은 이름 그대로 깔때기 모양으로 생겼는데, 종명인 'gibba'는 라틴어로 가운데가 들어갔다는 뜻이다. 색깔을 잘 나타낸 이름으로는 유황송이(*Tricholoma sulphureum*)를 들 수 있다. 종명인 설프리엄(sulphureum)은 라틴어로 유황색이라는 뜻인데 이 버섯이 유황색이기 때문에 이런 이름이 붙은 것이다. 또한 광대버섯(*Amanita muscaria*)의 종명인 무스카리아(*muscaria*)는 이 버섯이 무스카린이라는 독성분을 가지고 있기 때문에 붙은 이름이다. 따라서 라틴어로 된 속명이나 종명의 뜻을 알면 대체로 그 버섯의 특성을 알 수가 있다.

우리나라 버섯 이름도 학술적으로는 라틴어의 뜻을 살려서 지은 것이 많다. 깔때기버섯이나 광대버섯이 대표적이라 할 수 있다. 물론 라틴어에 맞지 않게 지은 것도 있다.

일반 사람들이 사용하는 이름은 대개 나는 장소에 따라 붙인 것이 많다. 예를 들어 참나무에 나면 참나무버섯, 솔밭에 나면 솔버섯, 피같이 붉은 것이 있으면 피버섯 등이다. 또 같은 버섯을 지방마다 다르게 부르기도 하기 때문에 때로는 정확하게 어떤 버섯을 말하는지 모를 수도 있다. 결국 학술적으로 사용하는 이름과 일반 사람들이 사용하는 이름에는 일치하지 않는 것들이 종종 있다.

한편 서양에서는 일반적으로 독버섯을 '토드스툴(toadstool)'이라고 하고, 식용하는 버섯을 머시룸(mushroom: 'mush'는 두르고 흐물흐물한 것을 뜻한다)이라고 한다. 머시룸은 식용하는 버섯 무리의 총칭으로, 특히 양송이버섯을 지칭하기도 한다.

중국의 《본초강목本草綱目》을 보면, 버섯을 뜻하는 '芝(지)'자는 원래

'갈 지(之)' 자였는데 풀밭에 나는 모양을 보고 '芝'가 되었으며 풀처럼 부드러운 것을 의미한다. 생태적 의미로 나무에 나는 것은 목균(木菌), 땅에 나는 것은 지균(地菌), 돌에 나는 것은 석균(石菌) 등으로 부른다.

한국의 버섯

한국의 버섯이 몇 종류인지는 확실히 알 수 없지만 전 세계적으로는 2만 5000종의 버섯이 보고되고 있다. 현재 남북한 합쳐서 2000여 종이 보고되었고, 이 가운데 우리나라에서 보고된 종이 1500여 종이다. 앞으로 계속 연구를 하면 1만 종 정도는 충분히 될 것으로 학자들은 추정하고 있는데, 이것은 우리나라 버섯 연구가 그만큼 더디게 진행되고 있다는 반증이기도 하다. 사실 버섯을 연구해서 얻을 수 있는 직장이 몇 군데에 한정되어 있고, 버섯을 연구하는 일이 다른 생물 연구에 비해 어려움이 많은 것도 현실이다. 예를 들면 버섯을 채집하기 위해서는 산으로 가야 하는데 젊은이들은 힘든 것을 싫어하는 풍조가 많다. 또 어렵게 채집해 오더라도 실험실에 도착하면 썩어버리는 경우가 많고, 버섯의 생육이 우기, 건기에 따라 달라지기도 하는 등 그 어려움이란 한두 가지가 아니다.

　독버섯을 포함한 모든 버섯들은 주로 여름에 발생한다. 버섯에 따라 알맞은 온도와 습도는 다르지만 대체로 고온 다습한 장마철에 많이 발생하는 것이다. 비가 흠뻑 내리면 버섯의 균사가 습기를 흡수하여 균사체를 만들어서 땅 위로 돋아나게 된다. 약간 저온성인 버섯들은 초봄에 나기도 하는데 곰보버섯이 대표적이다. 가을이 되어 온도가 내려가면 끈적버섯류와 싸리버섯류가 발생하며, 조금 더 온도가 내려가면 송이버섯이 나온다. 12월이 되어 눈이 내리면 팽이버섯이 발생하는데 2~3월까지 계속된다.

　1년 내내 나는 버섯들도 있는데 목재부후균에 속하는 구름버섯, 때죽도장버섯들이 그 예이다. 이들은 겨울에는 움츠린 채 축 늘어져 있지만 새봄이 되면 새싹처럼 생기를 되찾는다. 추운 얼음 속에 나는 먼지버섯도 사시사철 발생한다.

우리나라는 지리적으로 열대와 한대가 만나는 중간 지점이라 볼 수 있다. 그래서 동남아나 남쪽에서는 열대성 버섯이 북상하고, 또 겨울에는 한대성 버섯인 팽이버섯이나 송이버섯이 남하를 한다. 그물버섯류가 발생하는 것은 열대성 버섯이 북상하는 증거로 말레이시아나 싱가포르에는 그물버섯류가 엄청나게 많이 발생한다. 또한 중국 연길에 가면 골목마다 송이버섯을 수집하는 간판을 쉽게 볼 수 있는데, 이것은 추운 북쪽이 송이의 원산지라는 것을 증명하는 것이다. 이렇듯 우리나라는 열대성, 한대성 버섯을 망라한 각종 버섯이 발생하고 있다.

버섯의 적응

생물들은 끊임없이 환경에 적응하면서 살아간다. 그 과정에서 환경에 적합한 것은 발전시키고 필요 없는 것은 도태시킨다. 버섯 또한 그러한 과정을 거쳐 진화하고 있다. 버섯은 특히 식물과 매우 밀접한 관계를 가지고 있는데, 그것은 버섯이 주로 식물로부터 영양분을 얻기 때문이다. 일반적으로 생물들은 특정한 다른 생물에 의지하지 않고 독자적으로 자연에 적응하며 진화하지만 버섯은 식물과 특수한 관계를 가지며 진화해 왔다.

지구가 처음 생성되었을 때는 산소호흡을 하지 않아도 살아갈 수 있는 혐기성 생물이 주를 이루었다. 과학자들은 아마도 지구가 태양에서 떨어져 나와 식는 과정에서 화학반응을 통해 많은 유기물이 생성되었을 것이라고 추정하고 있다. 따라서 원시생물들은 힘들이지 않고 영양분을 섭취할 수가 있었다. 그러나 시간이 지나 유기물을 만들어야만 살아갈 수 있는 환경으로 바뀌면서 호기성 생물들이 출현하게 되었다. 오늘날처럼 완전한 상태는 아니었지만 스스로 유기물을 만들 수 있는 엽록소를 가진 식물도 이 시기에 나타났다. 그러나 엽록소는 있지만 원료가 되는 이산화탄소와 물을 얻기가 쉽지 않은 일이었기 때문에 자연 환경에 적응하기가 매우 어려웠을 것이다. 다행이 이산화탄소와 물은 지구 생성기부터 충분히 대기와 땅과 땅속에 있었다.

그러나 오늘날처럼 완전한 상태가 아니었기 때문에 식물의 뿌리가 부실해 물을 제대로 공급받기 위해서는 외부의 도움이 필요했다. 식물들에게 물을 공급할 수 있는 생물이 바로 버섯이었다.

버섯은 몸체가 균사로 되어 있어서 땅속 깊숙이 뻗어들어가 식물이 흡수할 수 없는 물을 빨아올릴 수가 있다. 스스로 영양분을 만들지 못하는 버섯은 식물에게 물을 공급해주고 그 대가로 식물이 만든 포도당을 공급받은 것이다. 지금도 송이버섯은 소나무숲에서만 발생하는데, 이는 송이버섯과 소나무가 서로 물과 영양분을 주고받으면서 진화해 왔기 때문이다. 이러한 관계를 공생이라 부르며, 이런 버섯을 균근성 버섯이라 한다.

이렇듯 생물들은 완전하게 진화하는 것이 아니라 필요에 따라 하나하나 발전시켜나간다. 그리고 다른 생물로부터 도움을 받기도 하고 그 대가로 보상을 하기도 한다. 이러한 과정을 통해 생태계가 건전하게 유지되는 것이다.

생태계에서 독버섯과 버섯의 역할

독버섯이라는 말은 사람이 만든 것이다. 즉 사람의 입장에서 붙인 이름인 것이다. 독버섯이 사람에게 해가 된다고 해서 다른 생물에게도 해가 되는 것은 아니다. 예를 들어 독버섯이 가장 많이 포함되어 있는 광대버섯과 버섯들도 대부분 식물과 공생 관계를 유지하면서 잘 살아가고 있다. 만약 독버섯이 사람의 경우처럼 식물에게도 독이 된다면 식물은 죽게 될 것이고, 그렇게 된다면 식물과 버섯의 공생 관계는 이루어질 수가 없다. 다른 버섯과 마찬가지로 독버섯도 생태계의 단순한 일원일 뿐이다. 그래서 곤충이나 민달팽이 등은 식용버섯과 독버섯을 가리지 않고 갉아 먹는다.

버섯과 생태계의 관계

생태계는 크게 생물과 무생물로 이루어져 있다. 생물 가운데 무기물을 유기물로 전환시키는 녹색식물을 생산자라고 부르고, 생산자가 만들어 놓은 유기물을 먹고 사는 동물들을 소비자라고 일컫는다. 생산자나 소비자는 때가 되면 자연의 법칙에 따라 죽게 되는데, 이 사체를 분해해서 자연으로 환원시키는 세균과 곰팡이 들을 분해자라고 한다. 곰팡이 무리에 속하는 버섯은 생태계에서 분해자의 역할을 하고 있다.

　생태계의 순환을 살펴보면, 무생물들은 무기 환경인 이산화탄소, 물, 햇빛을 생산자인 식물에 제공하여 유기물인 포도당을 만드는 기반이 된다.

식물은 다시 동물의 먹이가 되고, 그 동물들이 죽으면 버섯을 포함한 곰팡이, 세균 등의 분해자에 의해 무기물로 돌아간다. 이들은 여러 가지 원소 형태로 흙 속에 있다가 다시 생산자인 식물의 영양소로 이용된다.

만약 생태계가 파괴된다면 이 순환의 한 요소가 무너지게 될 것이다. 예를 들어 무기 환경인 물과 공기가 오염되면, 물을 이용해서 광합성을 하는 식물들이 포도당 같은 유기물을 만들지 못하게 되어 결국 죽게 될 것이다. 식물이 잘 자라지 못하면 이들을 먹이로 하는 초식동물들의 먹이가 부족해지고 먹이사슬은 혼란을 일으키게 된다. 이들 동식물이 죽게 되면 이것을 분해해서 삶을 유지하는 세균, 곰팡이, 버섯의 생존 환경도 좋을 수가 없다. 결국 영양을 공급받지 못한 흙은 황무지가 되어 식물들이 살 수 없게 되며 생물들은 하나 둘 사라지게 될 것이다.

이렇게 생태계가 파괴되면 최종 소비자인 인간의 생존 역시 장담하기가 어렵게 된다.

버섯의 역할
생태계의 분해자로서 버섯이 유기물을 자연으로 돌려놓는 환원자로서의 기능을 한다는 사실은 잘 알려져 있다. 그 기능을 세분하면 세 가지로 나눌 수 있다.

첫째, 물질을 분해하기는 하지만 생활 방식은 기생 형태를 띤다. 스스로 영양을 만들지 못하고 다른 생물이 만들어 놓은 영양에 전적으로 의지하는 것이다.

둘째, 물질을 썩히기는 하는데 주로 나무나 풀을 썩히는 부생의 역할을 하고 있다. 식물의 셀룰로오스 등을 썩혀서 그 영양분으로 살아가는 것이다.

셋째, 다른 식물과 공생을 한다. 예를 들어 송이버섯 균사는 살아 있는 소나무의 실뿌리에 균근이라는 것을 만들어서 소나무가 흡수하기 힘든 물을 제공하고, 광합성을 통해 생성된 포도당을 소나무어게 제공받음으로써 서로 돕는 관계를 유지한다.

2. 독버섯의 대명사 광대버섯

독버섯하면 떠오르는 버섯이 바로 광대버섯이다. 광대버섯은 버섯의 전형적인 형태인 갓(균모), 주름살, 자루(대)로 이루어져 있고 갓에 인편, 자루에 턱받이, 자루 밑에 대주머니 등이 있어서 가히 모든 버섯의 대표라고 할 만하다. 버섯과 관련된 동서양의 모든 전설에는 좋든 나쁘든 이 버섯이 등장하는데, 광대버섯에 얽힌 이야기 속으로 들어가 보자.

광대버섯의 탄생

독버섯을 얘기할 때 빨강 갓의 광대버섯을 빼놓을 수 없다. 이 버섯은 동화 속 삽화와 인기 있는 장난감, 그리고 다양한 장식과 장신구에 많이 새겨져 있다. 옛날 로마 시대의 유물에는 버섯을 모델로 한 장식품이나 그림, 기구 등이 적지 않은데, 이들의 모델 또한 대부분 광대버섯이다. 이 버섯은 세계의 모든 버섯도감에 실려 있으며, 주로 식용버섯만을 사용하는 기념우표에서도 이 광대버섯은 꼭 취급되고 있다. 이 버섯이 전 세계에 걸쳐 분포할 뿐만 아니라 버섯 가운데 가장 널리 알려졌기 때문이다.

　이렇듯 광대버섯이 전형적인 독버섯이기 때문에 치명적인 독성분을 가지고 있으리라고 생각하는데 사실은 그렇지 않다. 이 버섯은 화려한 색깔

때문에도 많은 오해를 받지만 실상은 심각한 중독 증상을 일으키지 않는다. 러시아에는 이 버섯을 알코올에 담가 약술을 만들어 마시는 지방도 있고, 일본에서는 파리약으로 이용하기도 한다.

영어로 광대버섯의 보통명은 파리버섯인데, 이 버섯의 종명인 무스카 (musca: *Amanita muscaria*)는 어원적으로 파리(fly) 또는 날 수 있는 곤충에서 유래됐다. 유럽과 미국에서는 광대버섯을 플라이 아가릭(Fly agaric)이라 부른다. 광대버섯의 어린 버섯은 하얀 달걀 모습이고, 그 버섯이 성숙하면 빨간색의 갓(모자처럼)이 나타나는데, 어린 버섯을 가끔 식용인 말불버섯(Puff ball)으로 오인하여 먹고 취한 상태가 되기도 한다. 무스카린(muscarine)의 독성분이 광대버섯에서 처음 분리되었기 때문에 광대버섯의 학명을 *A. muscaria*라 붙이게 되었지만, 사실 광대버섯의 무스카린은 땀버섯이나 깔대기버섯에 함유된 무스카린보다 적은 양이다.

이렇듯 광대버섯은 대표적인 독버섯으로 알려져 있지만 알광대버섯보다 독성이 약해 여러 나라에서 파리 살충용으로 이용한다. 우리나라에서는 거의 발견이 되지 않는 희귀종이다.

광대버섯은 변신의 명수

흔히 광대버섯은 세 개의 얼굴을 가졌다고 말하는데, 그것은 광대버섯이 다양한 모습을 보이기 때문이다.

첫번째 변신은 독버섯으로서의 광대버섯이다.

로마 시대의 플리니우스도 이 버섯의 독에 대해 언급하고 있고, 중세 때에는 이 버섯을 우유와 혼합하여 파리를 죽였다는 기록도 있다. 하지만 이미 언급한 것처럼 광대버섯은 맹독성 버섯이라는 소문과는 달리 그렇게 위험한 독버섯이 아니다. 심지어 프랑스에서는 특별한 요리법으로 이 버섯을 요리해 먹는 지방도 있다. 재미있는 것은 흥분을 일으키는 이 버섯의 성분을 이용하는 민족도 있다는 점이다. 또한 시베리아 원주민들은 복숭아 같은 과일 즙에 이 버섯을 타서 마시면 추위를 막을 수 있다고 믿어 왔다.

두번째 변신은 행복의 상징으로서의 광대버섯이다.

서양에서 빨간색은 행복의 색이고, 검은색은 죽음의 색, 녹색은 돈을 의미한다. 간혹 외국 사람들이 버섯 모양을 한 빨간 모자를 쓴 것을 볼 수 있는데, 이것은 빨간색 버섯이 행복의 상징이기 때문인 것으로 보인다. 산타클로스 할아버지가 빨간 모자를 쓰고 오는 것이나 차이코프스키의 〈호두까기 인형〉에서 버섯이 요정으로 등장하는 것도 같은 이유일 것이다. 새해나 생일, 크리스마스 나무 등에 빨간색 장식을 하는 것도 마찬가지다. 러시아에서는 부활절에 나무로 만든 버섯의 가운데에 초콜릿을 넣어 선물하거나 축하연의 테이블을 장식하기도 하는데, 이때 이용되는 버섯도 바로 광대버섯이다.

세번째 변신은 신의 상징으로서의 광대버섯이다.

기원전 2000년부터 1500년에 걸쳐 중앙아시아 지역에 살던 아리아족은 말을 타고 수렵을 하던 유목민이었다. 그러다가 현재의 아프가니스탄이나 파키스탄을 거쳐 인도의 갠지스 강 하류에 정착하여 농경생활을 하였다. 기원전 500년경부터 그들은 브라만교를 신봉했는데, 이 민속종교를 믿는 사람들은 둥글고 빨갛고 빛나는 어떤 즙을 신에게 바치면서 신을 찬미하였다고 한다. 후대 사람들은 여기에 사용된 것이 바로 광대버섯이었으리라고 추정하고 있다. 더욱이 광대버섯을 먹으면 흥분과 환각을 일으키는데 사람들은 이 증상을 신의 계시로 보았을 가능성이 높다.

광대버섯의 비밀

광대버섯에 의한 중독 증상은 매우 복잡하다. 왜냐하면 독성분만이 아니라 다른 많은 성분들을 동시에 가지고 있기 때문이다. 광대버섯의 독성분은 빨간 껍질에 집중되어 있는데, 이 버섯이 때로 극심한 흥분 상태를 야기하는 환각성을 나타내므로 바이킹족은 병사들의 전투력을 높이기 위해 이 버섯을 먹였다고 전해진다. 또한 한때 미국 젊은이들 사이에서는 광대버섯의 붉은 껍질을 벗겨 담배처럼 피우고 마취상태를 즐기는 것이 유행이었다.

한편 광대버섯류들은 중금속을 분해하는 물질도 가지고 있다. 예를 들어 이 버섯이 가지고 있는 무시몰(mucimol)은 척추신경계의 전달을 촉진하는 물질로 알려져 있고, 이보텐산(ibotenic acid)은 글루탐산(glutamic acid)의 수용체로 작용하며 신경의 흥분을 전달한다. 이밖에도 파리를 죽이는 살충 물질인 트리콜롬산(tricholomic acid)을 함유하고 있기 때문에 파리를 잡는 데 이용되기도 한다. 그런데 이 트리콜롬산은 오리의 맛을 좋게 하는 성분이기도 하다. 이렇듯 한 성분이 사람과 파리에 대하여 서로 반대적인 효과를 가지고 있다는 것은 재미있는 일이다.

화려한 색깔 때문에 독버섯으로 오해받는 황제버섯

고대 로마의 클라우디우스 황제는 어느 날 주황색 버섯으로 요리한 음식을 먹은 후 12시간도 되지 않아 세상을 떠났다. 많은 역사가들은 그의 아내인 아그리피나 황후가 독버섯을 먹여 계획적으로 그를 죽였을 거라고 추측한다. 전남편에게서 얻은 아들을 황위에 올리기 위하여 황제를 살해하였다는 것이다. 결국 아그리피나의 아들 네로가 황위를 이어 받았으니 로마의 운명은 독버섯으로 인해 하루아침에 역사가 달라진 셈이다.

네로 황제는 달걀버섯을 아주 좋아했다. 이 버섯을 구우면 둘이 먹다 하나가 죽어도 모를 정도로 구수한 냄새가 나는데, 네로 황제는 이 버섯을 따오는 사람에게 버섯 무게만큼의 황금을 상으로 주었다고 한다. 얼마나 맛이 좋았으면 황금을 상으로 주었을지 가히 그 맛을 상상해 볼 수 있다. 광대버섯과 광대버섯속인 달걀버섯은 갓의 모양이 화려한 주황색으로 인편이 있고 자루의 인편 띠가 뱀 껍질 모양이어서 독버섯을 연상하게 한다. 하지만 처음에 서양에서는 황제라는 뜻의 카에사리아(caesarea)를 종명에 사용하여 아마니타 카에사리아(*Amanita caesarea*)라고 명명하였다. 즉 황제버섯이라는 뜻이다. 우리나라에서는 달걀 모양을 닮았다고 하여 달걀버섯이라

달걀버섯

고 부르는데, 현재는 달걀버섯의 학명이 *Amanita hemibapha* subsp. *hemibapha*로 바뀌었다.

버섯과 달팽이의 사랑

산속의 버섯을 보면 가끔 민달팽이가 갉아 먹은 흔적과 우글거리는 곤충들을 볼 수가 있다. 흔히 민달팽이나 곤충이 먹는 버섯은 사람도 먹을 수 있다고 알려져 있는데 자칫 화를 당할 수도 있는 위험한 일이다. 버섯의 성분 가운데 곤충에게는 이로운 물질이 사람에게는 치명적인 독성분으로 작용할 수 있기 때문이다. 또한 민달팽이 등의 소화기관과 사람의 소화기관은 다르다. 특히 소화 흡수 구조가 다른데, 이런 생물들은 독성분을 분해하는 효소를 가지고 있거나 독성분을 흡수하기 전에 배설하는 기구가 있기도 하다. 그러나 사람에게는 독성분을 분해하는 효소가 없다. 예를 들면 진딧물은 담뱃잎을 먹으며 살지만 니코틴의 피해를 입지 않는다.

생태계의 모든 생물은 피나는 투쟁을 통해 종족을 유지 보존하고 있다. 우리는 이러한 투쟁적인 면만을 강조하여 마치 생태계가 오로지 살아남기 위한 싸움만이 전부인 것처럼 인식하는 경향이 있다. 그러나 잘 들여다보면 살아남기 위한 투쟁 속에 서로 도와가면서 생활하는 것들도 많다. 그것이 약자들의 생존을 설명해 주는 원리일 것이다. 생태계에 잔혹한 투쟁만 있다면 극소수의 생물밖에는 살아남을 수 없다. 끝없는 투쟁뿐이라면 모든 생물들의 영역과 목숨이 위협을 받게 된다. 왜냐하면 생태계에는 피해를 준 대상에게 반드시 뒤따르는 보복이 있기 때문이다. 생물들은 처음에는 천적에게 무방비로 당하지만 시간이 지나면서 점차 천적에게 대항할 무기를 만들어간다. 박테리아나 바이러스가 사람의 몸 안에서 항생제에 대항하는 내성균으로 발전하는 것이 그 한 가지 예이다.

광대버섯을 먹는 민달팽이

목재부후균을 먹는 달팽이

약한 자들이 서로 뭉쳐서 강한 적에 맞서 싸우는 것은 인간의 역사에서도 흔히 볼 수 있는 사실이다. 삼국시대에 신라와 백제가 고구려의 남하를 저지하기 위해 나제(羅濟)동맹을 맺은 것을 보면 잘 알 수 있다. 그러나 생태계에서는 전혀 다른 생물끼리 상호 의존하면서 공존하기도 한다. 달팽이와 버섯 또한 공생하는데, 느림보 민달팽이는 그야말로 아주 느리게 움직여서 버섯을 갉아먹는다. 그리고 버섯은 먹이를 제공하는 대가로 민달팽이의 몸에 포자를 묻혀서 퍼뜨린다.

재미있는 것은 달팽이가 제일 먼저 주름살을 먹는다는 점이다. 버섯의 제일 좋은 영양분은 포자에 축적되어 있는데, 포자를 만드는 담자기가 이 주름살에 모여 있다. 결국 버섯은 포자 번식에 가장 유리한 형태로 진화했고, 달팽이는 그 역할을 충실하게 해내고 있는 것이다. 하지만 달팽이가 한꺼번에 버섯의 포자를 다 갉아먹는 것은 아니다. 너무 오래 갉아 먹다가 천적에게 들킬 수도 있고, 아니면 다음을 위한 식량으로 남겨 놓는 것일 수도 있다. 위에서 볼 때 주름살을 갉아 먹는 민달팽이는 보이지 않는다. 그러므로 느림보 민달팽이는 주름살을 먹는 동안 천적에게 들킬 염려 없이 포식을 하게 된다. 주름살을 다 먹은 다음에는 갓을 갉아 먹고 맨 마지막으로 자루를 먹는다.

버섯이라는 먹이를 놓고 민달팽이도 서로 경쟁을 하는 것으로 보인다. 민달팽이가 먹은 주름살 등의 주위에는 반들반들한 셀르판지 같은 것이 있는데, 아마도 이것은 다른 민달팽이에게 자기 먹이임을 알리는 영역 표시인 것 같다. 그래서인지 대부분 하나의 버섯에 한 마리의 민달팽이만이 있다.

버섯과 민달팽이의 관계는 어떻게 보면 민달팽이의 일방적인 공격으로 보이지만 움직이지 못하는 버섯으로서는 이것이 종족 보존의 최선의 방법일 수 있다. 독버섯도 민달팽이에게는 좋은 먹잇감인데 민달팽이는 버섯의 종류를 가리지 않는다. 민달팽이가 독성분의 해를 받지 않는 것은 독성분을 분해하는 효소로 자기 몸에 독이 퍼지기 전에 분해시켜버리기 때문이다. 어쩌면 자기에게 해가 되는 성분을 따로 배설하는 기관이 있을지도 모른다.

생물들은 열악한 환경을 헤쳐 나가기 위해 불리한 환경이나 먹이를 해결할 수 있는 능력을 개발시켜 진화하고 있다. 자기를 희생함으로써 종족을 보존하는 버섯과 인간의 본능은 다를 바가 없어 보인다.

3. 환각버섯의 여행

환각성 버섯의 비밀

고대 인도의 경전에는 사람에게 영감을 주고 환희에 가득 찬 찬가를 부르게 하는 물질이 있다고 전해진다. 이것은 오랫동안 수수께끼였는데, 미국인 왓슨(R. G. Wasson)은 이 물질이 광대버섯임에 틀림없다는 설을 발표하여 주목을 받았다. 그는 전문 버섯학자도 아니고 버섯 애호가도 아니었다. 원래 그는 부은행장까지 지낸 금융인으로, 전 세계에 '마법의 버섯' 선풍을 일으키고 사라져버린 불가사의한 인물이다. 그가 버섯을 일생의 동반자로 택하게 된 동기도 남달랐다. 그를 유혹한 버섯의 매력은 과연 무엇이었을까?

    버섯에 대한 왓슨의 관심은 1927년 부부가 휴가를 즐기던 산장에서 시작되었다. 조용한 숲속의 좁은 길을 함께 산책하다가 갑자기 그의 아내가 마른 낙엽이 깔린 곳에 무릎을 꿇고 야생버섯과 흙냄새를 음미했다. 아내는 몬태나 주에서 자란 러시아계 여성이었는데, 왓슨은 아내의 행동에 당황했다. 일반적으로 미국사람들은 야생버섯에 대한 관심이 적을 뿐만 아니라 심지어 혐오하는 경향까지 있을 정도다. 반면에 유럽인들은 야생버섯을 맛보는 습관은 보통이고 특히 슬라브계에는 버섯 애호가가 많다. 아내는 치마 가득 버섯을 따와 저녁식사를 즐겼지만 왓슨은 독버섯의 공포로 떨고 있었다. 대부분의 사람들은 단순히 부부가 다른 나라에서 자랐기 때문에 생기는 습관 차이라고 생각하고 말았겠지만, 왓슨은 이러한 문제가 버섯 문화의 차이에서 비롯된 것이라고 생각했다.

왓슨은 민족에 따라 다르게 나타나는 버섯에 대한 생각을 각자의 마음에 새겨진 문화유산의 차이라고 해석하고, 각 민족의 전통문화에 숨겨져 있는 비밀을 찾기 시작했다. 그는 이것을 '민족균학'이라고 명명하고 바쁜 와중에도 연구를 계속했다. 마침내 그는 멕시코와 과테말라에 버섯을 먹고 환각 상태에 빠지는 무당이라는 존재가 기원전부터 존재해왔다는 사실도 알게 되었고, 무당이 버섯을 이용하여 행하는 성스러운 의식에도 참가하여 처음으로 그 모습을 촬영하기도 하였다. 그 뒤 국제적인 조사대가 조직되어 여러 차례 현지 조사가 이루어졌으며, 프랑스, 미국, 멕시코의 버섯 연구가들에 의해 의식에 사용되는 버섯들이 조사되었다. 그 결과 의식에 사용된 버섯들이 독청버섯류와 소똥버섯류의 환각성 버섯임이 판명되었다.

1955년 6월 멕시코 남부의 작은 마을을 방문한 왓슨은 자진하여 환각을 일으키는 '신의 버섯'을 먹었다. 현지 사람들 속에 섞여, 버섯을 먹고 꿈과 환상의 세계에 도취되는 종교적 풍습을 체험한 그의 모험적인 보고는 '마법의 버섯을 찾아'라는 표제로 《라이프》지에 게재되어 큰 화제를 불러일으켰다. 그 후 프랑스의 저명한 버섯학자 헤임(R. Heim)과 함께 다시 그곳을 방문한 왓슨은 자신이 채집한 환각성 버섯 가운데 일곱 개가 그때까지 세상에 알려지지 않은 새로운 버섯이라는 사실도 확인하였다.

왓슨은 지극히 상상력이 풍부한 사람으로, 버섯을 먹고 환각상태에 빠졌을 때 그는 사막 위를 날아다니면서 멀리 있는 대상(隊商, caravan)을 보았다고 한다. 환각성 버섯을 먹고 몽롱한 세계로 빠져든 상태에서 꿈꾸듯 체험한 이 현상이 어쩌면 아라비안나이트에 나오는 '하늘을 나는 양탄자'

이야기의 시초일지도 모른다. 그는 멕시코의 한 무당이 소리 내어 외는 주문을 들으면 분명히 환상의 세계로 빠져드는 느낌이 전해져 온다고 말하기도 하였다.

1958년 호프만(A. Hoffman)은 버섯에 포함된 환각성 물질이 실로시빈이라는 것을 알아내고 그 구조도 밝혀냈다. 그는 자기 몸을 대상으로 한 실험을 통해, 밀에 생기는 곰팡이의 하나인 맥각균의 균핵에서 분리된 LSD(lysergic acid diethylamide)가 사람의 정신에 작용하는 것을 발견한 인물로도 유명하다.

LSD를 생성하는 것은 맥각균이지만 맥각균 외의 균류에도 환각 성분을 가진 것이 상당히 있다. 환각성 버섯을 단순히 독버섯으로 치부하여 쓸모가 없다거나 대단히 위험하다고만 생각하는 경향이 있는데, 독버섯은 인류의 역사에서 유용하게 이용되었고 때로는 신성한 존재로 여겨지기까지 하였다. 남아메리카나 중앙아메리카의 일부에서는 지금도 환각성 버섯을 병의 치료나 종교 의식에 이용하고 있다. 그런데 왜 환각성 버섯은 극히 위험한 물질로만 여겨지게 되었을까?

현대 정신의학에서는 환각을 정신병의 한 증상으로 간주한다. 환각 자체를 정신병이라고 단정할 수는 없지만 대부분 매우 위험한 병의 징조로 여겨지기 때문이다. 이것은 의학계뿐만 아니라 현대 사회의 공통적인 견해이다. 하지만 이러한 입장은 환각성 버섯이나 식물을 유용하게 사용해 온 다른 문화나 사회의 존재를 무시하는 경향에서 비롯된 것이라고 볼 수 있다. 그러한 전통 사회에서는 환각 체험도 현실을 구성하는 일부로 존재하기 때문이다. 현대 의학이나 사회가 이제라도 전통적 치료 문화를 미개하다거나 무가치한 것으로 배제하지 않고 연구의 대상으로 관심을 가지게 된 것은 다행스러운 일이다.

실로시빈(psilocybin)과 실로신(psilocin)은 단 10밀리그램으로도, 정신병 치료제로서 뇌 속의 신경전달 물질에 작용하여 4~6시간 지속된다. 실제로 많은 음악가와 화가들이 이 약을 사용하고 있다는 사실이 드러나기도 했고, 유럽과 미국에서는 학생과 히피를 포함한 일반 시민들에게도 퍼져 결국 환각성 버섯 키트(KIT)까지 판매됨으로써 큰 사회 문제가 되기도 하였다.

환각을 일으키는 물질들은 사용 방법에 따라 종교인들을 높은 경지에 이르도록 하기도 하고, 경우에 따라서는 광기를 일으키는 유해한 물질이 되기도 한다. 기원전 3~5세기에 멕시코 유카탄 반도를 중심으로 번창했던 마야 문명의 멸망 원인을 이 버섯에서 찾는 이도 있다. 그래서 '성스러운 버섯'에 포함되어 있는 이 물질을 마약으로 지정한 나라들도 많다. LSD와 실로시빈 등의 연구에 노력을 기울인 호프만은 자신이 발견한 이 약들을 '앞날이 걱정되는 아이 같은 것'이라고 불렀다. 대뇌 중추에 작용하는 이 물질에 대해 21세기 의학계는 어떤 연구 결과를 보고할지 기대 반 걱정 반이다.

사람을 웃기는 환각버섯은 귀신들린 버섯

환각버섯류 중 말똥버섯들 중에는 신경을 자극하여 웃음이 나오게 하는 버섯이 있다. 성분이 완전히 밝혀지지는 않았지만 이 버섯은 신경계통에 작용하여 사람을 이상한 흥분상태가 되게 한다. 기분이 좋아서 웃고 노래하는 등 약간 정신 이상을 보이다가 감각이 마비되기도 하지만 생명에는 별다른 지장이 없고 하루쯤 지나면 완전히 회복되므로 므서운 독버섯은 아니다. 어떤 부족들에게는 일부러 이런 버섯을 먹고 귀신이 들렸다고 하는 풍습이 있다. 추장들이 이러한 버섯을 이용하여 자신이 신이나 귀신과 직접 통하는 능력을 가진 것처럼 과시함으로써 부족을 다스리는 수단으로 이용한 것

이다.

　어떻게 보면 현대인들이 마약을 먹고 광란의 상태에 빠지는 것과 비슷한 현상인데, 실제로 파푸아뉴기니 원주민인 구마족은 광란상태의 축제 때에 환각 성분을 가진 버섯을 먹는 것으로 알려져 있다. 그 버섯을 먹으면 이상한 흥분을 일으키고, 기분이 좋아서 웃고 노래하고 악기를 울리며 미친 듯한 상태가 되기도 하며, 감각이 마비되어 불안정한 정신상태가 되기도 한다.

　우리나라에도 옛날부터 독버섯에 중독된 사람들을 웃고 떠들게 만드는 '웃음버섯' 이야기가 전해지고 있다. "버섯은 오직 산 속에만 있는 것인데, 대개 풀과 나무의 기름이 땅에 스며들어가 고택(膏澤)을 얻으면 생긴다. 경칩(驚蟄) 때에 나는 것은 이름을 뇌경(雷驚)이라 하는데, 무릇 희게 접히고 면(面)이 붉은 것이나 순백색인 것과 접힘이 없는 것은 땄더라도 버려야 한다. 그리고 단풍나무에 나는 것을 소심(笑蕈)이라 하는데 그것을 먹으면 사람으로 하여금 웃음이 그치지 않게 한다. 토장(土漿)을 마시면 낫는다." 이 기록을 통해 우리 조상들도 버섯을 좋아하여 즐겼으며 그 부작용도 경험했던 것을 알 수 있다.

환각의 세계로 이끄는 버섯

멕시코 원주민들은 환각버섯을 신의 고기(Gods meat)라 부르며 종교적 의식에 사용하였다. 즉 의식을 주관하는 족장들이 이 버섯을 먹고 무아지경에 빠져 자신을 신이나 죽은 사람과 연결시키는 예언자나 중개자로 생각하게 한 것이다. 그들은 죽은 사람들의 영혼을 위한 의식에서 이 버섯을 먹고 흥분하여 영혼들을 위로하는 행동이나 춤을 추었다. 이 버섯들은 주로 환각버섯속(psilocybe), 말똥버섯속(Panaeolus), 독청버섯속(Stropharia), 종버섯속(Conocybe)에 속하는 것들로서 식욕을 돋우지 못할 정도로 작고 볼품없는 버섯들이다.

환각버섯에는 실로시빈과 실로신 물질이 들어 있다. 동물실험을 통해 이 성분들이 명백한 환각 작용을 한다는 것을 알았는데, 실로시빈의 경우에는 4밀리그램의 섭취만으로도 환각 상태가 되고 양이 많아지면 도덕적으로 불안정한 상태가 된다. 실로시빈의 중독증상은 사람에 따라 다르게 나타난다. 예를 들어, 어떤 사람은 웃으면서 돌아다니고 어떤 사람은 우울증을 나타내고 또는 화를 내면서 날뛰기도 한다. 실로시빈이 가수분해되면 실로신이 되는데 이 성분은 쉽게 산화되어 청색으로 변한다. 따라서 이 버섯들을 찢어서 공기에 노출하면 청색으로 변하므로 환각물질이 있다는 것을 간단히 알 수가 있다. 다른 버섯의 경우에도 찢어서 공기에 노출했을 때 청색이 된다면 환각 물질이 있다는 것이다.

춤추는 버섯

실로시빈을 포함하는 버섯에는 환각버섯 이외에도 더 많은 이상한 성분을 가지고 있는 버섯들이 있다. 외국에는 그러한 버섯들에 관한 많은 이야기가 전해진다.

산속에서 길을 잃고 헤매던 처녀들이 배가 고파 버섯을 따먹었더니 웃음과 춤이 멈추지 않았다. 그러던 어느 날 나무꾼이 우아하게 춤을 추며 산에서 내려오는 처녀들을 만났다. 처녀들은 여전히 춤을 추며, 길을 잃고 배가 고파서 버섯을 먹고 버렸다고 나무꾼에게 얘기했다. 나무꾼도 배가 고팠던 터라 처녀들이 먹다 남긴 버섯을 먹었는데 그 역시 춤을 추며 웃기 시작했다. 며칠이 지나자 이런 이상한 증상은 없어졌는데, 이 이야기에 나오는 버섯은 말똥버섯으로 추측되었다.

그런데 오늘날은 갈황색미치광이버섯이 웃음을 나오게 하는 버섯으로 알려져 있다. 이 버섯을 북한에서는 웃음독벗은갓버섯이라 하는데 아마도 이 버섯이 웃음을 나오게 하기 때문에 붙인 이름으로 보인다. 북한에서는 이외에도 우리나라의 말똥버섯을 웃음버섯, 말똥버섯아재비를 두엄웃음버섯(*Panaeolus fimicola*), 검은띠말똥버섯을 테두리웃음버섯(*Panaeolus subbalteatus*)이라 부른다.

우리 고서에도 버섯 중독된 사람들이 미쳐 날뛰며 춤추는 이야기가 전해진다.

"내가 사는 서산(西山) 남쪽에는 여승의 암자가 있는데, 갑술년 7월16일에 암자에서 우란분회(盂蘭盆會)를 베풀어 양반집 부녀자들이 많이 모였다. 여자들이 소나무 언덕에 올라가 더위를 피하다가 소나무 사이에 버섯이 많이 나 이를 탐내어 삶아 먹었다. 그런데 많이 먹은 이는 엎어져 기절해버렸고, 조금 먹은 이는 미쳐서 소리를 지르거나 노래하면서 춤을 추었으며, 혹은 슬피 울고 혹은 노하여 서로 때리기도 하였는데, 국물을 마시거나 냄새를 맡은 이는 다만 어질어질하였을 뿐이다."

사람들에게 다양한 증상이 나타난 것은 여러 종류의 버섯이 섞여 있었기 때문일 것이다. 실제로 버섯은 같은 장소에도 여러 종류의 버섯이 발생한다. 기절한 사람은 광대버섯류를, 미쳐 소리를 지른 사람은 신경계 중독을 일으키는 환각버섯을, 그리고 춤을 추거나 화를 내며 운 사람들은 미치광이버섯을 먹은 것으로 보인다.

4. 독버섯이 만든 문화

독버섯과 식용버섯의 차이는 종이 한 장

마귀곰보버섯의 학명 지로미트라(*Gyromitra esculenta*)의 종명인 에스클렌타(esculenta)는 '먹을 수 있다'는 라틴말이다. 이 버섯은 실제로 맹독을 가지고 있지만 유럽에서는 맛좋은 식용균이다. 이 버섯의 독성분인 지오미트린은 휘발성이 강한데 끓이면 독성이 파괴되는 것을 알게 되어 식용하게 되었다. 유럽에서는 최고 식품의 하나로 꼽히며 특히 프랑스에서는 제일의 음식으로 여겨진다. 그러나 때때로 중독 사고도 일어나는데 이것은 요리과정에서 충분히 독성분을 제거하지 못했기 때문이다. 그러므로 반드시 전문 요리사가 요리한 것을 먹어야 한다.

먹는 버섯인 잎새버섯, 표고, 팽이, 느타리 등도 날것으로 먹으면 소화기 계통의 중독을 일으키므로 날것일 때는 독버섯으로 취급된다. 그러나 이런 버섯에 포함되어 있는 독성분은 가열하면 파괴되므로 우수한 식용버섯이 되며, 말려도 독성분이 상당히 파괴된다. 양송이버섯에도 발암물질이 들어 있지만 버섯 자체가 암을 유발하는가에 대해서는 알려져 있지 않다.

독성분이 독으로서 작용하는 데는 성질과 함량이 관여한다. 맹독을 포함하고 있어도 함량이 미량이고 사람이 체내에서 대사시킬 수 있는 범위라면 중독은 일어나지 않는다. 심지어 소량의 맹독 성분은 약으로 이용되기도 한다. 그러면 그 양은 어느 정도일까. 이에 대해서는 명확한 근거가 없다. 자연에서 발생하는 버섯은 개개의 생육환경과 생육단계가 다르기 때문에 성분의 함량도 다르다. 그러나 사람의 생명을 위협할 정도의 독버섯은 그렇게 많지 않다.

실제로 중국에서는 독버섯을 항암과 약용버섯으로 많이 이용하고 있어서 독버섯과 식용버섯을 성분만으로 구분하기는 어렵다. 어떻게 이용하느냐에 따라 독버섯이 식용버섯이 되기도 하고 식용버섯이 독버섯이 되기도 하는 것이다.

송이에도 독이 있다

오래되어 썩기 시작한 송이를 먹어도 중독될 수 있다. 먹은 지 20~30분 정도 지나면 속이 매스꺼워지면서 심한 구토를 하게 되는데, 보통 설사, 복통, 발열이 따르지만 먹은 것을 토해내면 곧 낫는다. 따라서 송이버섯은 보관을 잘해야 하며 변질된 버섯은 송이뿐만 아니라 다른 버섯도 먹어서는 안 된다.

다양한 송이버섯들

독버섯을 독약으로 이용

역사극을 보면 임금님이 죄인에게 사약을 내릴 때 비소 등의 독성분을 사용하는데 옛날에는 지금처럼 충분한 독이 없었다. 그래서 보조 사약의 재료로 화경버섯을 썼다는 기록도 있다. 화경버섯과 관련된 또 다른 이야기 하나가 전해진다. 옛날 한 상좌승이 주지 자리에 오르려고 주지승을 초대해 화경버섯을 넣어 만든 음식을 대접하였다. 그러나 주지승은 독버섯에 강한 신체적 특성을 가지고 있었고, 또 화경버섯이 맹독성이 아니었기 때문에 상좌승의 계획은 실패하고 말았다. 상좌승이 자기를 죽이려 한 것을 알게 된 주지승은 많은 고민을 하였다. 당장 상좌승을 절 밖으로 쫓아내고 싶었지만 꾹 참고 참선에 몰두하던 주지승은 어느 날 상좌승 몰래 절을 떠났다. 자기 때문에 주지가 되지 못한 상좌승의 마음을 충분히 알 수 있었기 때문이었다.

신이 된 버섯

일본 시가현 구사쓰(草津)에는 '균신사(菌神祠)'라는 신사가 있다. 마을 사람들의 신앙이 응집되는 그곳에서는 해마다 연말과 연초가 되면 화톳불이 타오르는 가운데 울려 퍼지는 노래와 춤으로 신에게 제사를 지내는데, 이 균신사에 버섯과 관련하여 전해 내려오는 이야기가 있다. 630년경 이 지방에 큰 기근이 들었는데, 신사 주변의 숲 일대에 많은 버섯이 발생하여 굶주린 사람들이 이 버섯으로 목숨을 건졌다. 그 후 주민들은 버섯이 나는 이 땅을 신이 내려 주신 성지라고 믿고 '균신사'라고 부르게 되었으며, 이곳에서 나는 버섯을 숭배하기 시작했다.

이렇게 많은 사람을 먹여 죽음에서 살려낸 것은 과연 어떤 버섯이었을까. 여러 사람이 충분히 먹을 수 있을 만큼 많이 발생하는 버섯으로 그물버섯류가 있다. 그물버섯류는 비가 오면 무더기로 발생하는데, 시들더라도 그 자리나 주위에 또다시 무더기로 발생한다. 함유된 독성분이 적고 살이 부드러워서 사람들이 좋아하는 그물버섯류는 오늘날도 대부분의 사람들이 즐겨 먹고 있다.

버섯이 맺어준 사랑

옛날 큰 산과 많은 재산을 가진 부자가 있었는데, 그의 큰아들이 산지기의 딸을 사랑하였다. 산지기의 딸은 현명하고 아름다운 처녀여서 부자 또한 며느리로 손색이 없다고 생각했다. 하지만 부자의 아내는 옆 마을 부자의 딸을 며느릿감으로 점찍어 놓고 있었다. 아들이 산지기 딸을 사랑한다는 것을 알아챈 아내는 산지기의 아내를 불러 딸이 자기 아들과 만나지 못하게 하라고 위협했다. 그러던 어느 날, 참배를 드리고 절에서 돌아온 부자가 아내에게 말했다.

"며느리를 잘 들이려면 가을 축제 때 절 경내에서 나는 버섯을 따다가 점을 쳐보라고 하는구려. 버섯 하나에는 '산지기 딸', 다른 하나에는 '옆 마을 부자 딸'이라고 쓴 다음 파란색 글자로 변하는 쪽을 선택하면 행복한 부부가 될 것이라는 신의 계시가 있었소."

축제날이 되자 부자 부부와 아들은 아침 일찍 절로 갔다. 부자는 경내에서 자라는 버섯 두 개를 따다가, 손톱으로 각각의 갓 안쪽에 '산지기 딸'과 '옆 마을 부자 딸'이라고 쓴 다음 제단에 바쳤다. 조금 후 버섯을 살펴보니 '산지기 딸'이라고 쓴 버섯의 글자가 파란색으로 변해 있었다. 부자는 이것을 아내와 마을 사람들에게 보이고, 신의 뜻에 따라 아들을 산지기 딸과 결혼시키겠다고 말했다. 부자의 아내도 남편의 뜻을 따를 수밖에 없었다. 부

상처를 입으면 색깔이 변하는 그물버섯

자의 아들과 산지기의 딸은 마을 사람들의 축복 속에 결혼하여 행복하게 살았다고 한다.

그런데 어떻게 버섯에 새긴 글자가 파랗게 변했을까? 버섯 가운데에는 상처를 입으면 파랗게 변하는 종류가 있다. 부자는 이러한 사실을 미리 알고 이를 이용한 것이다. 그물버섯에는 상처를 입으면 색깔이 청색으로 변하는 종류가 많은데, 시간이 지나면 청색이 사라진다. 그러니까 부자는 바로 버섯을 살펴서 성공할 수 있었던 것이다.

독버섯을 숭배한 사람들

독특한 예술과 과학을 발달시킨 고대 마야 문명의 고고학 유물 가운데 특히 주목받는 '버섯돌(mushroomstone)'이라는 것이 있다. 버섯 모양의 석상인 이 버섯돌은 19세기 이래 과테말라를 중심으로 100여 개가 발견되어 유럽에 소개되었다. 버섯돌은 높이가 보통 25~30센티미터로, 버섯의 갓 모양을 한 지붕돌과 그것을 지탱하는 기둥돌(손잡이: 버섯의 자루)로 이루어져 있으며 이 기둥돌에는 여러 동물들이 조각되어 있다. 이 석상들은 기원전 1500년경부터 기원후 900년경 사이에 제작된 것으로 추측되는데, 대부분 과테말라 고원 지대와 남부 해안 지대에서 출토되고 있다.

1878년 스위스의 버섯학자 사퍼(K. Sapper)가 이 석상을 버섯돌이라고 명명하고 최초로 학술적인 보고를 하였다. 그 후 1970년대에 미국의 버섯

고대 마야문명의 유물인 버섯돌

학자 로이(B. Lowy)는 과테말라 유적에서 출토된 버섯돌을 조사하여 이 버섯돌이 환각성 버섯들을 조각한 것이며 신에게 제사지내는 의식용으로 사용하였다는 것을 밝혀냈다. 고대 마야인들이 환각성 버섯을 의식용으로 사용하였다는 것은 옛 문헌과 토기에 그려진 그림들을 통해 이미 밝혀졌고, 버섯돌이 환각성 버섯을 그리고 있다는 것도 이후 많은 학자들에 의해 증명되고 있다. 마야인들이 버섯을 숭배한 이유를 정확히 알 수는 없지만 당시의 농경문화와 관련이 깊으리라고 해석할 수 있다.

실제로 버섯돌의 대부분이 무덤이나 옥수수밭에서 발견되는 점으로 보아 농경의식에 사용되었다는 것을 알 수 있다. 마야인들은 비가 온 후에 버섯이 부쩍 발생한다는 사실을 알고 있었다. 즉 마야인들은 옥수수 씨를 뿌린 후 비가 내리면 갑자기 모습을 드러내는 버섯을, 농작물을 자라게 하는 신비스러운 존재로 생각했던 것 같다. 그들은 버섯돌을 만들어놓음으로써 신들이 진짜 버섯으로 착각하고 비를 내려주기를 기대했을 수도 있다. 또한 비가 보다 오랫동안 내리기를 기원하며 일부러 밭에 만들어놓았을 수도 있다. 마야인들은 버섯돌에 조각된 수호동물의 영혼과 샤머니즘적인 힘이 자신들에게 전해진다고 믿고 있었는지도 모른다. 그만큼 마야인들은 버섯을 비와 자비를 가져오는 신령스러운 존재로 여겼던 것이다.

한편 버섯돌의 용도에 관한 연구도 다양한 결과를 내놓고 있다. 한편에서는 토기를 만드는 거푸집으로 사용되었다고 하고, 다른 한편에서는 예술품 같은 우아한 석조가 일용품을 만드는 데 쓰였다는 것은 설득력이 없다고 말하기도 한다. 또 어떤 사람들은 버섯돌이 의자로 사용되었다고 주장하는데 실제로 버섯돌에 앉아보면 그리 편하지 않다는 것을 알 수 있다. 이 외에도 버섯돌이 지구의 모양을 만들기 위한 거푸집이거나 혹은 우주선을 본뜬 것이라는 설도 있다. 그러나 버섯돌이 자연계의 생물인 버섯을 표현한 만큼 버섯 숭배와 관련되었으리라는 것이 현재로서는 가장 납득 가능한 주장이다.

우표에 나타난 독버섯

버섯이 우표에 등장한 것은 100여 년 전의 일이다. 1894년 중국 청나라 때 서태후 탄생 60주년을 기념하여 행복과 장수의 상징으로 영지버섯을 그려 넣은 것이 그 시초였다. 그 후 세계 각국에서 버섯을 우표의 그림으로 사용하기 시작했다. 주로 식용버섯이 등장했는데 동유럽에서는 그 가운데 큰갓버섯, 그물버섯아재비, 뽕나무버섯 등이 사용되었다.

유럽 대부분의 나라에서는 여전히 버섯우표가 발행되고 있는데 그들은 한결같이 프랑스 요리에서 고급 음식 재료로 알려진 곰보버섯에 집중하고 있다. 스웨덴에서는 자국의 유명한 버섯학자인 프리스(Fries)가 분류한 버섯을 프리스의 모습과 비슷한 턱수염버섯으로 도안한 우표를 발행하기도 했다. 아메리카 대륙에서는 프랑스계 이민자가 많은 캐나다에서 4종이 나왔을 뿐 미국에서는 발행된 적이 없고, 오히려 카리브해 연안의 나라들과 중앙아메리카에서 많이 볼 수 있다.

한편 버섯우표를 통해 각 나라의 버섯 문화와 전통을 엿볼 수 있다. 러시아를 비롯한 동유럽 지역에서 광대버섯 우표가 많이 발행되고 있는 것은 아리안족의 버섯 숭배와도 관련이 있어 보이며, 서유럽과 북유럽은 자신들의 음식 문화와 위대한 인물을 기리기 위한 것으로 생각된다. 중국과 우리나라에서 영지버섯이 소개되는 것은 건강식품으로서 최고의 인기를 누리고 있기 때문일 것이며, 중국의 도교 신앙과도 무관하지 않을 것이다.

몽골에서는 과거 대제국에 대한 추억 때문인지 마름모꼴의 대형 버섯을 발행한다. 중남미 카리브해 연안의 국가에서는 환각버섯류의 우표가 많이 발행되는데, 이것은 분명히 그들의 원시신앙과 깊은 관련이 있을 것이며, 우표들의 색상이 밝고 다양한 것도 자연현상과 깊은 관련 때문으로 추측된다.

우리나라에서는 1993년에 처음으로 버섯우표가 발행되었다. 정보통신부의 전신인 체신부에서 우리나라 사람들에게 친숙한 송이, 영지버섯, 느타리, 표고 네 종류의 버섯우표를 발행한 것이다. 그 후 우표시리즈를 통하여 계속 기념우표로 발행했는데 독버섯 가운데서는 나팔버섯이 발행되었으

우리나라에서 발행된 다양한 독버섯 우표들

며, 1996년도에 발행된 버섯 기념우표에는 광대버섯, 솔땀버섯, 노랑싸리버섯, 목장말똥버섯 등 독버섯류가 사용되었다.

5. 독버섯과 사람의 투쟁

독버섯을 먹었을 때는 병원으로

버섯을 먹고 중독 증상을 일으키면 응급조치로 먹은 것을 토하게 하고 가검물과 함께 병원으로 후송하는 것이 제일 좋다. 민간요법으로 치료를 하다 보면 오히려 병을 더 키울 수가 있다. 병원에 도착하면 의사에게 상황을 자세히 설명하고 가검물에서 어떤 독성분이 검출되는가에 따라 치료를 해야 한다. 무엇보다도 야생의 버섯을 먹을 때에는 확실히 아는 버섯이 아니면 먹지 않는 것이 좋으며, 먹더라도 날것으로 먹지 않고 익혀 먹어야 한다. 야생 버섯은 식용 가능한 버섯이라 해도 약간씩의 독성분은 가지고 있기 때문이다.

독버섯 중독 치료법

독버섯 중독을 완전하게 치료하는 방법은 없다. 그리고 독버섯이 사람에게 어느 정도 영향을 미치는가 하는 것은 버섯의 종류에 따라 다르다. 버섯마다 독성분을 한 가지만 가지고 있는 것이 아니어서 치사율이 다르게 나타나기 때문이다. 예를 들어 알광대버섯이나 흰알광대버섯, 그리고 절구버섯아재비 같은 대형버섯은 한두 개만 먹어도 죽게 된다. 그런데 마귀곰보버섯 같은 경우는 날것으로 먹으면 사망할 수도 있지만, 잘 가열해서 조리하거나 말린 것은 먹을 수 있다.

최근 유럽에서는 비타민C와 당근을 이용한 새로운 치료법이 개발되어 좋은 성과를 얻고 있다. 독버섯을 먹은 직후 3일 동안 비타민C와 항생 물질을 주사하고 갈아서 으깬 당근을 먹게 하는 방법이다. 광대버섯 등에 국한되어 있기는 하지만, 프랑스에 있는 11개 독극물 센터에서 이 방법으로 치료한 50명 중 46명이 완전히 회복되었고, 사망한 4명 가운데 3명도 증상이 나타난 지 48시간이나 지나 센터로 옮겨진 환자였다.

이 외에 사망에 이르지는 않더라도 신경에 작용하여 웃음이 나오게 하거나 환각을 일으키는 버섯도 있다. 여기에는 광대버섯, 마귀광대버섯, 환각버섯류, 갈황색미치광이버섯 등이 속하는데, 이 버섯들로 인한 중독 증세는 5일 정도 지나 나타나며 손발 끝과 남성의 성기가 빨갛게 붓고 심한 통증이 1개월 이상 계속되는 것으로 알려져 있다. 이러한 중독에는 아직까지 특효약이 없으나 다만 세포 내 에너지 전달에 관여하는 아데노신삼인산(ATP)과 니코틴산 주사가 약간 효과가 있다. 옛날에는 차가운 물에 손발을 담그고 심한 고통을 참았는데, 장시간 물에 손발을 담그고 있다 보니 살이 붓고 뼈가 드러나는 경우까지 있었다. 특히 노인이나 어린아이는 사망하는 경우가 많았으며, 회복된다 하더라도 정신 상태가 정상이 아니었다.

우리나라에서는 노란다발과 독우산광대버섯에 의한 중독 현상이 제일 많은 것으로 알려져 있다. 노란다발은 무더기로 발생하기 때문에 먹음직스러워 보이고, 색깔이 빨갛지 않기 때문에 독버섯이 아니라고 생각하기 쉽다. 독우산광대버섯 또한 흰색을 띠고 있어서 독이 있으리라고는 생각하기 어렵다. 색이 울긋불긋한 버섯만 위험하다는 생각이 큰 불행을 가져오는 것이다.

궁합이 안 맞는 독버섯과 알코올

유럽에서는 두엄먹물버섯을 보통 잉크 모자라 부른다. 이 버섯의 갓은 영국 버킹검 근위병의 모자처럼 보이기도 하고 접은 우산을 편 것 같기도 한데, 오직 밤에만 펴져 검은 잉크처럼 녹아내린다. 과거에는 이 버섯의 녹은 갓에 검 아라빅(gum arabic), 페놀을 섞어서 잉크를 만들어 썼다. 이 버섯은 가끔 도시의 아스팔트를 뚫고 발생하기도 해서 사람들은 그 강한 생명력에 무한한 신비를 느끼기도 했다. 어린 두엄먹물버섯은 먹을 수도 있는데 버섯을 담은 접시의 물까지 마실 정도로 맛이 있다고 알려져 있다. 이 버섯을 술과 같이 먹으면 2~3일 후에 중독 증상이 나타난다. 가슴이 심하게 뛰고, 현기증과 배멀미, 호흡고통 등이 나타나는데, 이러한 증상은 황화합물이나 알코올에 의한 증상과 같다. 황화합물은 알데히드 디하이드로게나제(ALDH)를 억제하고 효소를 알코올로 분해하여 혈액에 아세트알데히드 작용을 저해하는 것으로 알려졌다.

이처럼 상극으로 작용하는 버섯이 있는가 하면 함께 먹어서 좋은 경우

도 많다. 예를 들어 버섯전골에는 반드시 고기나 생선이 들어가게 마련이다. 특히 조개가 들어간 버섯전골이 좋다고 하는데, 이것은 음양의 원리에 따라 남녀 성기를 닮은 버섯과 조개가 궁합이 잘 맞기 때문이라고 한다.

고대 사람들의 버섯과의 투쟁

우리 선조들은 식량난을 해결하기 위해 버섯을 많이 이용했다. 그러다보니 독버섯이 섞여 있어서 중독 증상을 일으킨 일이 많았지만 기록으로 남아 있는 것은 극히 드물다.

그 가운데 고서에 독버섯을 먹었을 때의 치료법이 있다. "나무버섯에 중독되었을 때는 인분을 한 되 먹는다. 인동초의 가지와 뿌리를 다려 그 즙을 먹인다. 우물을 파고 짠물을 넣어 저어서 가라앉으면 그 물을 먹인다. 생강, 콩, 된장, 마기름(麻油)을 섞어 갈아 그 즙을 먹인다. 다린 수유(茱萸)를 따뜻할 때 먹여 토하게 한다. 쑥을 다려 3~5잔 마시게 한다. 개나 닭의 더운 피를 마시게 한다. 날 오이와 화유(和油)를 섞어 마시게 한다." 또 다른 책에는 "진흙물을 마시게 한다. 붓꽃의 잎이나 뿌리의 즙을 마시게 한다. 사람의 머리때를 물에 타 먹인다. 가축이나 거위, 오리의 더운 피를 먹인다. 참기름에 감초를 넣어 다려 먹인다." 등의 비법이 기록되어 있다.

이러한 기록은 당시에도 독버섯 사고가 끊임없이 일어났다는 것과 다양한 중독증상에 따라 여러 가지 치료법이 사용되었음을 알 수 있게 해준다.

6. 독버섯과의 공존

 독버섯을 구분하는 간단한 방법은 없다. 옛날부터 전해오는 독버섯에 대한 속설들이 있지만 그것을 그대로 믿는 것은 위험한 일이다. 예를 들어 흔히 버섯의 색깔이 빨갛고 화려하면 독버섯이라고 생각한다. 하지만 달걀버섯은 새빨갛고 아름답지만 맛있는 버섯이다. 반대로 삿갓외대버섯은 황노랑의 수수한 색깔이지만 독버섯이다.
 독버섯의 자루는 세로로 찢어지지 않는다는 말도 있다. 따라서 자루가 세로로 찢어지는 버섯은 먹을 수 있다고 전해진다. 그런데 송이버섯과 표고버섯의 자루는 세로로 찢어지지 않지만 식용버섯이다. 반면에 독우산광대버섯과 삿갓외대버섯 등은 대표적인 독버섯인데도 세로로 잘 찢어진다.
 가지와 버섯을 같이 먹으면 버섯의 독이 없어진다고 믿기도 한다. 가지는 음식에 의한 중독을 어느 정도 해독시키지만 버섯의 독성분을 해독시킬 정도의 중화 능력은 없다. 은수저가 독버섯에 닿으면 색깔이 변한다고도 하는데, 실제로 독버섯에 은수저를 넣고 끓이면 구름처럼 검게 된다. 하지만 알광대버섯 등 유황을 함유한 독버섯의 경우에만 해당되는 사항일 뿐 다른 독버섯에는 적용되지 않는다.
 또한 그물버섯류 가운데는 독버섯이 없다고 믿고 있다. 그러나 최근의 연구에 의하면 독그물버섯 등은 약간의 독성을 가진 것으로 보인다. 외국에는 그물버섯도 독성을 가지고 있다고 알려져 있으므로 먹어서는 안 된다. 또한 나무에서 발생하는 버섯들은 먹을 수 있다는 오해는 표고버섯, 느타리버섯, 팽이버섯 등이 나무에서 발생하기 때문에 생긴 것이다. 실제로 화경버섯은 나무에서 발생하는 대표적인 독버섯이다.

곤충이나 민달팽이 등이 먹는 버섯은 먹을 수 있다는 것도 맞는 말이 아니다. 사실 곤충이나 민달팽이는 독버섯을 아주 좋아하는데, 살이 물렁물렁하여 소화에 유리하기 때문이다. 심지어 그들은 아예 독버섯에 집을 짓고 생활 터전으로 이용하기도 한다.

독버섯 중독의 특성

독버섯 중독은 화학물질에 의한 중독과는 여러 면에서 다르다. 하지만 버섯 채취자들이 채집한 버섯 가운데는 비슷한 증상을 보이는 독버섯이 포함될 수 있다. 버섯이 중금속이나 농약에 오염되는 경우가 있기 때문이다. 실제로 버섯은 세슘(Cs134)과 카듐(Cd)에 농축이 잘되는데, 이런 경우 금

속 이온이나 농약의 경우처럼 세균오염이나 알레르기 등의 증상을 보인다.

독성분의 함량은 장소, 계절, 버섯의 성숙도에 따라 다르고, 극단적인 경우에는 동일종의 독성분도 다를 수 있다. 또한 알광대버섯(미국), 마귀곰보버섯(유럽), 독큰갓버섯, 애광대버섯에 들어 있는 부포테닌은 사람에 따라 증상이 다르다. 양송이버섯이 사람에 따라 설사를 일으키는 것과 같은 경우이다.

독버섯의 치사량

독버섯을 얼마나 먹어야 중독증상을 나타내는지는 거의 알려지지 않았다. 독버섯의 크기와 성장 수준에 따라서도 독의 양이 다르고, 또 날것으로 먹었는지 가열했는지에 따라서도 달라지기 때문이다. 버섯을 기름에 튀기거나 끓이거나 말려서 먹으면 독성분이 많이 파괴되므로 치사량을 측정하기가 더욱 어려워진다. 또한 갓, 주름살, 자루에 따라 독성분에 약간씩의 차이가 있으므로 어느 부위를 얼마만큼 먹느냐에 따라서도 다르다. 참고로 쥐를 대상으로 한 실험의 LD/50을 보면 다음과 같다.

- 아마니틴(α-amanitin) 0.1mg/kg(쥐에 주사)
- 무스카린 0.23mg/kg(쥐에 주사)
- 무시몰 0.8mg/kg(쥐의 피하주사)
- 실로시빈 280mg/kg(쥐에 주사)

버섯을 먹을 때 주의할 점

어느 버섯이든 약간의 독성분은 가지고 있으므로 날것으로 먹거나 많이 먹는 것은 위험한 일이다.

　버섯의 독성분은 열에 의해 파괴되며 말려도 파괴된다. 또 물에 담그거나 소금물에 저장해도 독성분이 파괴되지만 이것은 모든 버섯에 해당되는 경우는 아니다. 실제로 요리 과정을 통해 독성분이 많이 파괴되기 때문에 일본과 유럽에서는 소금에 절여 먹거나 스프 등을 만들어 먹기도 한다.

　젖버섯이나 무당버섯 속에 있는 매운 성분은 위장의 끈끈막을 자극하여 염증을 일으킨다. 이 경우에도 물에 담가두거나 기름에 튀기거나 말려서 저장했다가 먹으면 아무 탈이 없다. 버섯을 채집한 지역의 사람들에게 물어보는 것도 한 방법이다. 그들은 수십 년 또는 수백 년 동안 조상 대대로 내려오는 경험에 의해 식용 여부를 잘 알고 있기 때문이다.

　버섯중독은 독버섯을 식용으로 잘못 알고 먹기 때문에 일어난다. 그러므로 어떠한 경우라도 먹을 수 있는 버섯인지를 확실히 알아야 한다. 이 책에 실린 버섯들의 경우에도 다른 책의 사진설명과 모양, 색깔, 크기, 생태적 특성의 차이가 있는 버섯에 관해서는 또 다른 책을 참고하거나 버섯 전문가의 조언을 통해 보다 명확하게 아는 것이 필요하다.

　현재 우리나라는 식용 여부가 규명되지 않은 버섯들이 많으므로 처음 보는 버섯의 경우는 아주 조금만 먹어야 한다. 식용 여부가 불확실한 버섯은 절대로 먹지 않는 것이 가장 좋다. 야생버섯이나 인공 재배한 새로운 버섯을 먹을 때는 버섯의 알레르기 반응 등에 대비하여 버섯 일부를 냉장고에 따로 보관하는 것도 좋은 방법이다. 만약 이상한 징후가 나타나 의사와 상담할 때 남겨놓은 버섯은 치료를 위해 큰 도움이 된다.

제2부
독버섯들이 살아가는 이야기

1. 천사의 탈을 쓴 죽음의 버섯

죽음의 모자를 쓰고 있는 독버섯

알광대버섯은 갓이 모자 모양을 닮아서 죽음의 모자를 쓴 버섯이라 부르는데, 우리나라에서는 둥근 모양 때문에 '알' 이라는 단어를 붙였다. 알광대버섯을 먹으면 90퍼센트 이상이 죽음에 이른다. 유럽과 중국에서는 이 버섯에 의한 사고가 많으나 우리나라에서는 추측만 할 뿐 아직까지 정확하게 보고된 바는 없다.

알광대버섯 *Amanita phalloides* 광대버섯과 맹독

● 아마톡신류, 무스카린류, 페로리신류의 독성분을 가지고 있으며 중독증상은 2단계로 나타난다. 첫번째는 비교적 잠복기간이 길어서 먹은 지 6~24시간 후에 구토, 설사, 복통 등 콜레라 같은 증상이 나타나지만 하루 정도 지나면 회복한다. 이 증상은 일시적인 것으로 생리적 식염수를 보충하면 회복된다. 두번째는 첫 단계가 지난 4~7일 후에 간, 탈수, 황달, 출혈이 위장과 장으로부터 나타나면서 세포가 점차 파괴되어 죽음에 이른다. 이 버섯에 중독된 사람의 간은 심하게 손상되기 때문에 치료를 해도 거의 회복이 되지 않는다.

알광대버섯

여름에서 가을에 걸쳐 활엽수 또는 침엽수림의 땅에 대부분 단생하는데, 가끔 산생하거나 군생하기도 한다. 변산반도국립공원, 가야산, 광릉 등 거의 전국에 걸쳐서 분포한다.

- 갓의 크기는 중형으로 처음에는 난형이었다가 편평하게 된다. 중심부가 조금 더 진한 올리브색 표면에는 점액이 있고, 어두운 색의 미세한 실 무늬가 덮여 있다. 주름살은 끝붙은주름살로 백색이고 밀생하며, 자루의 길이는 약간 길고 백색으로 갓과 같은 색깔을 띤다. 자루에는 백색 막질의 턱받이가 있고 아래쪽에는 인편이 덮여 있다. 자루의 밑은 크게 부풀어 있고 단단하고 큰 대주머니가 있으며, 포자는 짧은 타원형이고 포자 무늬는 백색이다. 멜저액에서는 아밀로이드 반응을 나타낸다.
- 마귀광대버섯과 비슷하지만 갓의 색깔이 짙고 턱받이가 주머니 모양이어서 구분이 된다.

눈부시게 화려한 면사포를 쓴 독버섯

여름과 가을 사이의 숲에서 가끔 눈부시게 하얀 면사포를 쓴 신부처럼 자루가 길고 늘씬한 버섯을 볼 수가 있다. 대부분 치명적인 독성분을 가진 독우산광대버섯과 흰알광대버섯인데, 독우산광대버섯은 눈부실 정도로 하얀색이어서 백색의 광대버섯이라고도 한다. 흰알광대버섯은 외국의 경우 늦은 봄부터 발생하므로 봄의 광대버섯이라 부르며, 한두 개만 먹어도 죽음에 이를 정도로 맹독을 가지고 있다. 백의민족이라 그런지 우리나라 사람들은 흰색을 무척 좋게 생각하는 경향이 있다. 더욱이 아름다운 신부를 연상시킬 만큼 하얀 버섯이 무서운 독을 가지고 있으리라고는 꿈에도 생각하지 못하는 것 같다. 그래서 이 버섯들을 죽음의 천사라고 부른다.

흰알광대버섯 *Amanita verna* 광대버섯과 맹독

- 아마니타톡신을 가지고 있어서 알광대버섯과 똑같은 중독증상을 일으키는 가장 무서운 버섯 가운데 하나이다.
- 여름부터 가을 사이에 활엽수와 침엽수의 혼효림에서 단생 또는 군생하거나, 여기저기 산생하는 비교적 흔한 버섯이다. 오대산, 변산반도국립공원, 지리산, 만덕산, 속리산, 소백산, 발왕산, 월출산, 한라산, 안동 등 전국에서 발견된다.
- 갓의 크기는 중형이고 둥근 산 모양으로 가운데가 오목하다. 표면은 매끄럽고 습기가 있을 때 점액이 있으며 순백색이고 가운데는 황색이다. 주

흰알광대버섯

름살은 백색이고 끝붙은주름살로 밀생한다. 백색 자루는 길고 가늘며 매끈하고, 백색의 막질로 된 턱받이가 있으며 줄무늬선이 있다. 자루의 밑은 둥근 모양으로 속은 처음에 차 있다가 나중에 비게 되며, 백색의 대주머니가 있고 반절은 떨어져 있다. 포자는 중형이고 무색의 구형이다.

독우산광대버섯 Amanita virosa 광대버섯과 맹독

- 아마니타톡신 독성분을 가지고 있기 때문에 알광대버섯과 똑같은 중독 증상을 일으키며 두세 개만 먹어도 사망한다.
- 여름부터 가을까지 숲속에 군생하며, 한라산, 변산반도국립공원, 지리산, 오대산, 속리산, 가야산 등에서 비교적 자주 발견되는 종이다.
- 갓의 크기는 중대형으로 원추형에서 편평하게 되는데 가운데가 볼록하다. 표면은 습기가 있을 때 점액이 있으며, 백색 가운데 홍갈색을 띠고 있다. 주름살은 끝붙은주름살로 백색이며 밀생하고, 역시 백색인 자루는 길고 가늘며 작은 인편이 있다. 턱받이는 백색의 막질로 위쪽에 있고 아랫부분은 섬유상의 비늘이 있다. 자루 밑에는 백색의 둥근 대주머니가 있으며, 포자는 중대형으로 구형 또는 아구형이고 멜저액에서는 아밀로이드 반응을 나타낸다.

독우산광대버섯

● 독우산광대버섯은 흰알광대버섯과 비슷하지만, 독우산광대버섯은 자루에 인편이 불규칙하게 발달하고 흰알광대버섯은 인편이 없어서 매끈하고 약간 작다. 또한 흰알광대버섯은 갓의 가운데가 약간 황색이 된다. 이 두 버섯과 유사한 식용버섯으로 흰주름버섯(Agaricus arvensis)이 있는데, 흰주름버섯은 처음에 갓이 둥글고 주름살이 흰색이어서 비슷하지만 시간이 지나면 주름살이 핑크색을 거쳐 흑자색으로 변한다. 그러나 독우산광대버섯과 흰알광대버섯의 주름살은 흑자색이 되지 않는다. 또한 이 버섯들은 대주머니가 있지만 흰주름버섯은 대주머니가 없고 자루가 짧다는 것으로 구분된다.

흰주름버섯

광대춤을 추는 독버섯

보통 광대하면 작두칼을 들고 무서운 가면을 쓴 채 다 찢어져 헐렁거리는 흰색 옷을 입고 너울너울 춤을 추거나, 남사당패거리처럼 여기저기 떠돌아다니며 줄타기 같은 묘기를 부리면서 사람을 즐겁게 해주는 무리로 생각하게 된다. 그러므로 보다 무서운 의미로 붙여진 '광대버섯'이라는 이름은 후자보다는 전자의 의미가 더 적합할 것이다. 대부분의 독버섯이 광대버섯과에 몰려 있는 것도 그 때문으로 보인다.

알광대버섯아재비 *Amanita subjunquillea* 광대버섯과 맹독

● 알광대버섯의 사촌정도 되는 버섯으로 아마톡신류의 독성을 가지고 있기 때문에 알광대버섯과 똑같은 중독증상을 일으킨다.
● 여름부터 가을까지 발생하며 침엽수와 활엽수림의 흙에 단생 또는 군생

알광대버섯아재비

한다. 소백산, 오대산, 지리산에서 분포하지만 흔한 종은 아니다.
● 갓은 중소형으로 원추형에서 편평하게 된다. 섬유상의 방사상 줄무늬가 있고 홈선은 없다. 습기가 있을 때는 점액이 있으며, 백색의 턱받이 파편이 붙어 있다. 주름살은 떨어진주름살로 백색이며 조금 밀생하고, 길고 굵은 자루는 백황색으로 황갈색의 미세한 인편이 붙어 있다. 또한 턱받이는 백색의 막질이며 자루의 밑이 부풀어 있고, 포자의 크기는 중형의 구형이며 아밀로이드 반응을 나타낸다.
● 쟈바달걀버섯(*A. hemibapha* subsp. *javanica*)과 갓의 색깔이 비슷하지만, 쟈바달걀버섯은 주름살이 황색을 띠고 갓의 가장자리에 줄무늬 홈선이 있어서 구분이 된다.

쟈바달걀버섯

턱받이광대버섯 *Amanita spreta* 광대버섯과 맹독
● 아마니타톡신 독성분을 가졌기 때문에 알광대버섯과 같은 중독증상을 보인다.
● 여름부터 가을 사이에 활엽수림의 땅에 단생하는 독버섯이다. 한라산,

턱받이광대버섯

만덕산, 지리산에 분포하는데 흔한 종은 아니다.
● 갓의 크기는 소형이며 종 모양에서 둥근 산 모양으로 편평하게 되나 가운데는 조금 오목해진다. 표면은 매끄럽고 습기가 있을 때는 점액이 있으며, 회갈색 또는 회색을 띤다. 가장자리에 방사상의 줄무늬 홈선이 있고 끝 붙은주름살을 가지고 있는데, 밀생 또는 성기고 백색이나 황백색을 띤다. 자루는 길고 백색이며 턱받이는 백색의 막질과 대주머니가 있다. 포자의 크기는 대형이며 난형이고, 비아밀로이드 반응을 나타낸다.
● 유사종인 우산버섯 또한 광대버섯과로 용혈성 단백질 독성분을 가지고 있는데, 먹은 지 수십 분에서 24시간 안에 팽만감, 복통, 구토, 설사, 맥박 느림, 불안감 등 위장계통과 신경계통의 가벼운 중독을 일으킨다. 날것으로 먹으면 심한 용혈현상도 나타난다. 하지만 버섯 전체가 황갈색이고 턱받이가 없기 때문에 턱받이가 있는 턱받이광대버섯과는 구분이 된다.

큰주머니광대버섯 *Amanita volvata* 광대버섯과 맹독

● 독성분은 불분명하지만 맹독성 버섯으로 먹으면 구토, 설사, 언어장애 등 위장계통과 신경계통의 중독을 일으키며, 콩팥과 간 등의 장기에 장애가 나타난다.

큰주머니광대버섯

- 여름에서 가을 사이에 활엽수림의 땅에 단생 또는 산생하며, 한라산, 지리산, 속리산, 만덕산에 분포하는 비교적 흔한 종이다.
- 갓은 중형으로 종 모양에서 편평하게 된다. 갈색을 띤 흰색이며 백색 또는 홍갈색의 가루나 솜털의 인편이 있고, 대주머니 파편조각이 남아 있는 경우도 있다. 살은 백색이지만 상처를 입으면 홍색으로 변색된다. 주름살은 끝붙은주름살로 백색에서 홍갈색으로 변하며 밀생한다. 자루는 짧고 길며 백색이고 인편이 있다. 자루의 대주머니는 두꺼운 막질이며 백색 또는 연한 홍갈색이다. 포자의 크기는 중대형이고 긴 타원형이며 아밀로이드 반응을 나타낸다.
- 비슷한 종으로 노란막광대버섯이 있는데, 이 버섯의 살은 변색되지 않아서 구별이 된다.

밤색갓버섯 *Lepiota castanea* 갓버섯과 맹독

- 독성분은 밝혀지지 않았으나 먹으면 아마니타톡신 같은 중독증상을 나타내는 맹독버섯이다.
- 여름부터 가을에 걸쳐 숲속에 단생 또는 군생한다. 가야산, 만덕산 등에 분포하지만 버섯이 작고 많이 나지 않기 때문에 먹을 확률은 아주 낮다.

밤색갓버섯

● 갓은 소형으로 원추상의 둥근 산 모양이며 가운데가 볼록한 편평형이다. 미세한 황갈색, 적갈색, 흑갈색의 인편으로 덮여 있다. 표면은 가늘게 갈라져서 백색이 나타나고, 주름살은 끝붙은주름살로 백색의 크림색에서 다갈색이 되었다가 적색이 되며 밀생한다. 자루의 길이는 짧고 위아래가 같은 굵기이다. 턱받이는 실 모양의 거미집 모양이며 백색이고 탈락하기 쉽다. 자루의 속은 비어 있는데 갓과 같은 색의 작은 인편이 점점이 존재한다. 포자는 중대형이고 쐐기모양의 포탄형으로 거짓아밀로이드 반응을 나타낸다.

노란다발버섯 *Naematoloma fasciculare* 독청버섯과 맹독

● 파시큐롤, 무스카린류, 네마토린, 파시울라리시스의 독성분을 가진 위험한 독버섯이다. 먹은 지 수십 분에서 세 시간 후에 복통, 구토, 오한, 설사 등을 일으키며, 심한 경우는 산혈증(아시도시스, acidosis), 경련, 쇼크 등을 거쳐서 사망하게 된다.
● 봄에서 가을 사이에 발생하는데, 특히 가을에 고목 또는 대나무의 그루터기에 뭉쳐난다. 처음 나올 때는 노란색이어서 먹는 버섯으로 오인하기 쉬울 뿐 아니라 무더기로 나기 때문에 따다 먹기가 쉬워서 실제로 독버섯

노란다발버섯

사고가 제일 많은 종이다. 하지만 시간이 흐르면 황청색 등으로 지저분해져서 먹을 수 없는 버섯이라는 것을 알게 된다. 지리산, 가야산, 변산반도 국립공원, 발왕산 등 전국에 분포하는 가장 흔한 종이다.
- 갓은 소형으로 둥근 산 모양에서 편평해지며 매끈하다. 처음에는 노란색이었다가 황갈색, 황토색, 오렌지색 또는 녹색으로 변하며, 주름살의 영향으로 회청색을 나타내기도 한다. 가장자리에 내피막의 인편이 거미집처럼 붙은 것도 있지만 곧 탈락한다. 주름살은 홈파진주름살 또는 올린주름살이며 노란색에서 올리브 녹색이 되었다가 검은 자갈색이 되고 밀생한다. 자루는 길고 가늘며 갓과 같은 색깔이다. 표면에는 섬유상의 비단 같은 광택이 있고, 거미집 같은 불완전한 턱받이는 쉽게 탈락하며 턱받이의 흔적이 검게 남는 것도 있다. 포자의 크기는 중형이고 발아공이 있으며 비아밀로이드 반응을 나타낸다. 포자문은 자갈색이다.
- 유사종인 독청버섯과의 개암버섯은 옛날부터 맛있는 식용버섯으로 취급되어 왔다. 그러나 날것으로 먹거나 많이 먹는 것은 좋지 않다. 개암버섯은 자실체가 황색이고 살에 심한 쓴맛이 있어서 노란다발버섯과 구별된다.

숲속에 몸을 도사린 독버섯

식용버섯이라고 무조건 먹을 수 있는 것은 아니다. 아무리 맛있는 버섯이라도 양이 적으면 먹을 수 없기 때문이다. 또한 독성분을 가진 버섯도 양이 적으면 먹지 않게 된다. 그런 독버섯은 숲에서 발생하는 빈도가 낮을 뿐만 아니라 실제로 우리가 먹을 기회조차 드물기 때문에 중독사고의 가능성이 거의 없다고 볼 수 있다.

회흑색광대버섯 *Amanita fuliginea*   광대버섯과   맹독

- 아마톡신류의 독성분을 가지고 있으므로 알광대버섯과 중독 증상이 동일하다. 한두 개만 먹어도 생명을 위협하는 맹독성 버섯이다.
- 여름에서 가을 사이에 발생하며, 혼효림에서 한두 개가 단생 또는 군생한다. 내장산국립공원, 변산반도국립공원 등에서 발견되지만 아주 드문 종이다.
- 갓은 중형으로 종 모양에서 둥근 산 모양이 된다. 표면은 섬유상이고 암회색이며 가운데는 진한 흑색에 미세한 줄무늬가 있다. 주름살은 끝붙은주름살로 백색이고 밀생한다. 자루는 길고 가늘며 백색이나 회색으로 섬유상

회흑색광대버섯

의 작은 인편이 있다. 턱받이는 막질로 회색이고 대주머니는 백색의 막질이다. 포자는 중형으로 아구형이며 끝이 돌출하고, 아밀로이드 반응을 나타낸다.

독황토버섯 *Galerina fasciculata* 끈적버섯과 맹독

- 아마니타톡신의 독성분을 함유한 독황토버섯은 알광대버섯과 같은 중독증상을 일으킨다.
- 여름에서 늦가을 사이에 발생하며 고목에서 군생하는데 만덕산에서 발견된다.
- 갓은 둥근 산 모양에서 편평하게 되며 가끔 가운데가 볼록한 소형이다. 점액은 없고 밋밋하며 습기가 있을 때는 어두운 계피색을 띤다. 가장자리에는 줄무늬 홈선이 있지만 마르면 연한 황색이 된다. 주름살은 바른 또는 내린주름살이고 크림색에서 계피색이 되며, 가장자리에는 미세한 가루가 있고 밀생한다. 자루는 길고 가늘며 황토색이고 외피막의 인편이 있다. 자루 위쪽에 불완전한 턱받이가 있는데 속은 비었고, 포자는 중형으로 타원형이다.

독황토버섯

절구버섯아재비 *Russula subnigricans* 무당버섯과 맹독

- 세포에 독성을 나타내는 루시페롤류 등이 있어서 먹은 지 수십 분 후에 구토, 설사 등 위장계통 중독을 일으키고, 그 후 동공축소와 언어장애 등의 통증, 오줌에 피가 비치는 혈뇨 증상이 나타나며, 심장이 쇠약해져서 사망하게 되는 맹독성 버섯이다.
- 여름부터 가을까지 대부분 상록활엽수림의 땅에 단생하지만 가끔 군생하기도 한다. 만덕산, 속리산, 지리산 등에 자생하며 희귀한 종이다.
- 갓의 크기는 중형으로 둥근 산 모양에서 깔때기 모양이 된다. 표면은 약간 벨벳 모양으로 회갈색이나 흑갈색을 띠며, 가장자리는 조금 연한 색이고 표피는 벗겨지지 않는다. 살은 두껍고 단단하며 백색인데, 상처를 받으면 적색으로 변했다가 연한 적갈색이 되지만 흑색으로 변하지는 않는다. 크림색을 띤 주름살은 바른 또는 내린주름살로 상처를 입으면 서서히 적색으로 변하며 부서지기 쉽고 성기다. 회갈색 자루는 짧고 굵으며 단단한데, 자루에 희미한 세로줄 주름이 있고 속은 차 있다. 포자는 중형으로 아구형이나 난형이며 표면에 가는 그물눈이 있다.

절구버섯아재비

절구버섯 *Russula nigricans* 무당버섯과 준맹독

- 독성분은 불분명하지만 오심(惡心), 구토, 복통, 설사 등 위장계의 중독 증상을 일으킨다. 심한 경우 몸이 쑤시고 마비를 일으키며 죽을 수도 있다.
- 여름에서 가을 사이에 활엽수림의 땅에 단생 또는 군생한다. 우리나라(방태산, 만덕산, 한라산, 가야산, 월출산), 북한(신양, 대성산, 묘향산, 금강산)을 비롯하여 북아메리카와 북반구 일대에 분포한다.
- 갓의 크기는 중대형으로 둥근 모양이었다가 점차 중앙이 오목하게 들어가 절구 모양이 된다. 처음에는 백색이지만 회갈색과 흑갈색을 거쳐 흑색이 되며, 표피는 광택이 없고 벗겨지지 않는다. 살은 단단하고 백색이며, 상처를 입으면 적색을 거쳐 흑색으로 변한다. 주름살은 폭이 넓고 간격이 넓어서 성긴데, 이 또한 상처를 받으면 백색에서 결국 흑색이 된다. 자루의 길이는 비교적 굵고 단단하며 갓과 같은 색을 띠는데, 속이 차 있고 단단하다. 포자는 중형으로 거의 구형이고 표면에 가는 가시와 불완전한 그물눈이 있다.
- 절구버섯이 썩은 후에 덧부치버섯(*Asterophora lycoperdoides*)이 발생할 때가 있는데, 이 버섯은 오래되면 검은색으로 변하며 단단해지는 특징을 가

절구버섯

지고 있다. 절구버섯과 비슷한 모양인 절구버섯
아재비는 색의 변색이 느리고 흑색으로는 변하지
않는다. 그러나 오래되면 약간 회색을 띠기도 한
다. 북한에서는 '성긴주름갓버섯'이라고 부른다.

덧부치버섯

버섯을 닮지 않은 독버섯

버섯 하면 보통 우산 모양을 연상하는데, 이와는 전혀 다른 모양의 버섯도
많다. 그 가운데 맹독 버섯들이 많이 포함되어 있는데, 모양도 좋은 느낌이
들지 않는 마귀곰보버섯과 사슴 뿔을 닮았다고 하여 이름 붙여진 붉은사슴
뿔버섯 등도 이러한 버섯에 속한다. 이 버섯들은 포자를 자낭에 만드는 것
이 특징이다.

마귀곰보버섯 *Gyromitra esculenta* 안장버섯과 맹독

● 지로미트린 등의 독성분 때문에 빠르면 4시간, 늦으면 24시간 안에 중독
증상이 나타난다. 처음에는 위장계에 증상(구토, 심한 경우 설사)이 나타
나고, 그 후 간과 신장장애 증
상(황달, 오줌의 결핍)이 나타
나며, 심한 경우는 순환기 이
상, 호흡곤란, 혼수상태를 거
쳐서 사망하게 된다. 심할 때
에는 2~4일 안에 사망하는데,
지로미트린은 비소의 가수분
해 물질인 모노메틸하이드라
진이 더욱 강하게 작용하며 발

마귀곰보버섯

안장마귀곰보버섯

암성도 가지고 있다.
- 봄부터 초여름에 걸쳐 침엽수의 땅에 단생 또는 군생하며, 지리산국립공원 등에 자생하지만 거의 발견되지 않는 종이다.
- 버섯의 크기는 중대형으로 사람의 뇌 모양 두부와 자루로 되어 있다. 두부는 구형 또는 불규칙한 둥근 모양이고 분명한 요철 같은 주름의 뇌 모양이며, 매끈한 표면은 황토색에서 적갈색을 띤다. 황갈색 또는 살색인 자루는 아래쪽으로 갈수록 굵어지는데, 3~7센티미터 정도로 길며 깊은 주름이 있고 속은 동굴처럼 크게 비었다. 살(육질)은 부서지기 쉬우며, 포자는 대형으로 무색의 타원형인데 표면은 매끄럽고 두 개의 알맹이를 가졌다.
- 안장마귀곰보버섯(*G. infula*)이라는 유사종이 있지만 두부가 말안장 모양이어서 쉽게 구분이 된다.

붉은사슴뿔버섯 *Podostoloma cornudamae* 육좌균과 맹독
- 트리코테센(Trichothecene)류의 독성분으로 먹은 후 30분이 지나면 오한, 복통, 두통, 수족마비, 구토, 설사, 목구멍이 마르는 등 위장계 및 신경계 증상이 나타난다. 그 후에 신장(콩팥)이 붓는 현상, 호흡기와 순환기의 이상, 뇌의 장해 등 전신에 증상이 나타나면서 사망하게 된다. 얼굴 피

붉은사슴뿔버섯

부 탈피 또는 점막의 짓무름이 있고 탈모 등 표면에 나타나는 것이 특징이다. 독성분은 피부 자극성이 높기 때문에 끈적끈적한 즙이 피부에 묻으면 안 된다.

● 여름부터 가을에 걸쳐 활엽수림의 땅이나 썩은 나무뿌리 근처에 군생한다. 광릉에서 자생하는 것으로 알려져 있지만 매우 희귀한 종이어서 거의 발견되지 않고 있다.

● 버섯의 키는 비교적 길고 원통형 혹은 납작한 원주형이거나 산호형이며, 두세 개로 갈라져 손가락 모양을 하고 있다. 오렌지색을 띤 선명한 적색이고 광택이 있지만 나중에 퇴색하여 자주색이 된다. 자실체 속은 백색이며 단단하고 밑은 황색이다. 포자의 크기는 소형으로 무색이며 2세포성으로 구형이다.

● 형태만으로도 식용이 아닌 것을 알 수 있지만 동충하초 같은 종류로 착각하여 사고가 일어날 수도 있다. 비슷한 모양의 붉은창싸리버섯(*Clavulinopsis miyabeana*)은 색깔과 형태가 비슷하지만 살이 연해 쉽게 구별이 된다.

붉은창싸리버섯

천사의 탈을 쓴 죽음의 버섯

2. 소문난 무서운 독버섯

광대버섯들의 소문

버섯도 생물이기 때문에 천적이나 포식자에게 피해를 입는다. 하지만 무방비 상태로 공격을 당하기만 한다면 버섯은 멸종하고 말 것이다. 모든 생물들이 종족을 보존하기 위해 본능적인 생존 전략을 가지고 있는데, 독버섯이 강력한 독성분을 가지게 된 것도 종족 보존을 위한 나름대로의 자기 방어 수단이라고 볼 수 있다.

한편 버섯의 독성분이 사람에게는 치명적이지만 곤충이나 달팽이 등에게는 좋은 먹잇감이 되기도 한다. 결국 버섯의 독성분은 버섯이 선택적으로 만들어낸 것으로 보인다. 곤충이나 달팽이 등이 포자를 퍼뜨려서 버섯의 종족 번식을 돕기 때문이다.

광대버섯 *Amanita muscaria* 광대버섯과 준맹독

● 독성분은 무시몰, 이보텐산, 무스카린류, 아마톡신류, 용혈성 단백질 등으로 위장계와 신경계의 복잡한 증상이 나타난다. 먹은 지 30분이 지나면 땀과 눈물, 침이 나오고 혈압이 낮아지며 시력이 악화되는데 이는 무스카린 때문이다.

광대버섯

- 주로 침엽수림에서 양치식물이 자라는 지역에 단생 또는 군생하며 광릉 등에 분포한다.
- 갓은 중대형으로 구형인데 둥근 산 모양을 거쳐서 편평하게 된다. 표면에는 점액이 있고 적색, 오렌지색, 황색을 띠며, 대주머니의 파편조각인 백색의 사마귀 반점이 동심원상으로 배열한다. 가장자리에는 줄무늬 홈선이 있으며, 주름살은 끝붙은주름살이고 백색이며 밀생한다. 길고 가는 자루는 백색이고 점액이 있다. 턱받이는 백색이며 큰데 노란색 끝에는 백색 가루가 붙어 있다. 자루의 밑은 둥글게 부풀고 백색의 대주머니가 있으며, 그 위에 둥근 모양의 크고 작은 막질이 계단식으로(다귀광대버섯 자루의 밑처럼) 부착되어 있다. 포자는 타원형이고 대형이며 비아밀로이드 반응을 나타낸다.
- 어릴 때는 갓의 사마귀점이 없기 때문에 식용인 달걀버섯과 혼동되므로 주의가 필요하다.

마귀광대버섯 *Amanita pantherina* 광대버섯과 준맹독

- 이보텐산, 무시몰, 아마톡신류 등 여러 가지 독성분이 포함되어 있어서,

마귀광대버섯

먹은 지 30분쯤이 지나면 여러 가지 중독증상이 나타난다. 위장계통의 증상으로는 복통, 구토, 설사가 일어난다. 부교감신경계에서는 혈류 속도가 느려지고 땀이 나며 동공 축소가 일어나고, 교감신경계에서는 맥박이 빨라지고 심박수 증가, 장폐색 등이 일어난다. 또한 중추신경계에서는 현기증, 착란, 운동장애, 환각, 흥분, 억눌리고 답답함, 현기증 등이 나타난다. 심한 경우는 혼수상태, 호흡곤란이 일어나지만 대개는 하루가 지나면 회복한다. 이런 증상들이 상반되게 일어나는 것은 독성분의 양에 따른 것으로 보인다.

● 여름에서 가을 사이에 침엽수 또는 활엽수림의 느티나무 근처에 단생하지만 때로는 군생하기도 한다. 백두산, 안마군도, 한라산, 월출산, 지리산, 변산반도국립공원, 속리산, 가야산, 다도해해상국립공원(금오도) 등 전국에 분포한다.

● 갓의 크기는 중대형으로 둥근 산 모양에서 편평하게 되나 가운데는 약간 오목하다. 회갈색 또는 올리브갈색인 표면에는 점액이 있으며, 가장자리에는 방사상의 줄무늬선이 있고 백색의 외피막 파편이 산재한다. 주름살은 끝붙은주름살이며 밀생한다. 길고 굵은 자루는 백색이며, 위에는 막질의

턱받이가 있고 아래쪽에는 인편이 있다. 자루의 밑은 부풀어 있고 대주머니의 흔적이 고리 모양으로 남는다. 포자는 중대형으로 광타원형이며 비아밀로이드 반응을 나타낸다.
- 우리나라 어느 곳에나 분포하는 아주 흔한 독버섯 중 하나다. 심지어 아파트 풀밭이나 가정집 정원에서도 쉽게 볼 수 있다. 마귀광대버섯이라는 이름은 처음 나올 때 갓에 인편이 곰보처럼 다닥다닥 있어서 마귀를 연상해 붙인 이름이지만 이름만큼 맹독 버섯은 아니다.

파리버섯 *Amanita melleiceps*   광대버섯과   준맹독

- 독성분은 불명확하지만 심한 매스꺼움, 구토, 복통, 설사 등 위장계통의 중독을 일으킨다. 파리를 죽인다고 해서 이런 이름이 붙었는데, 이 버섯을 밥알과 함께 으깨놓으면 파리들이 그것을 먹고 죽는다. 파리버섯 외에도 파리를 죽이는 종류는 상당히 많다.
- 여름에서 가을 사이에 침엽수림 또는 활엽수림의 흙에 군생하며, 변산반도국립공원, 덕유산, 수원, 월출산, 가야산 등 전국에 자생한다.
- 갓의 크기는 중소형으로 둥근 산 모양을 거쳐 편평하게 되고 가운데가

파리버섯

오목해진다. 황갈색 또는 황토색이며 가장자리는 연한 색인데, 줄무늬선이 있고 백색 또는 연한 황색가루 모양의 사마귀 반점이 있다. 주름살은 성기며 백색이고 끝붙은주름살이다. 자루는 짧고 위쪽으로 가늘어지며, 턱받이는 없고 백색 또는 연한 황색가루가 부착되어 있다. 자루의 밑은 부풀며 속은 비어 있고, 대주머니에는 백색의 가루가 부착되어 있다. 포자의 크기는 중대형으로 광타원형이며, 비아밀로이드 반응을 나타낸다.

● 유사종으로 일반 독을 가진 광대버섯과의 애광대버섯이 있는데, 이 버섯은 갓이 녹색에서 황색 또는 오렌지색이 되며 포자도 넓은 타원형이 아니다. 여름에서 가을에 걸쳐 침엽수와 혼효림에 단생 또는 군생하며, 변산반도국립공원, 지리산, 월출산, 속리산, 한라산, 방태산 등에 분포되어 자생한다.

겉 다르고 속 다른 송이버섯들

이름은 송이과에 속하여 식용버섯으로 오해하기 쉬운 버섯들이지만, 사실은 먹으면 무서운 장애를 일으키는 버섯들이다.

화경버섯

화경버섯 *Lampteromyces japonicus* 송이버섯과 준맹독

- 일루딘 독성분을 가지고 있으며 먹은 지 30분에서 1시간 정도 지나면 복통, 설사 등 전형적인 위장계통 중독증상을 일으킨다. 소화 장애를 유발하고 심한 경우에는 경련, 탈수, 산혈증, 쇼크 등을 일으키기도 한다. 일루딘은 항암성분이 탁월해 미국과 유럽에서는 유망한 항암제 물질로 각광받고 있다.

- 여름에서 가을 사이에 활엽수 고목에 겹쳐 군생하며, 백두산, 지리산, 광릉에 자생하지만 아주 희귀한 버섯이다.

- 갓의 크기는 대형이며 반원형의 콩팥형이고, 오렌지색 또는 황갈색을 띤다. 작은 인편이 있고 나중에 자갈색이나 암갈색이 되며 광택이 있다. 주름살은 내린주름살이며 연한 황색에서 백색을 띤다. 길이가 짧은 자루는 갓 옆에 붙는데 가끔 가운데에 붙는 것도 있으며 융기된 불완전한 턱받이가 있다. 자루의 밑은 보통 흑갈색이고 가끔 연한 갈색 얼룩이 있으며, 백색의 살은 연하지만 자루 근처 부분은 두껍다. 주름살과 붙는 곳에 고리 모양의 부푼 부분이 있다. 포자는 구형으로 매끄럽고 대형이며 벽이 두껍고 비아밀로이드 반응을 나타낸다.

- 화경버섯의 학명인 *Lampteromyces*는 라틴어의 '빛(방사)'을 의미한다. 청백색의 빛을 발산하는 루시페린(luciferin)이 밤에 선충류가 화경버섯을 먹도록 유혹하기 때문이다. 먹이를 먹으면서 화경버섯의 포자가 선충류에 붙게 되고, 선충류가 이동하면서 포자

빛을 내는 화경버섯

참부채버섯

느타리버섯

가 다른 곳에 떨어져 자손을 퍼뜨리게 된다. 물론 낮에도 발광하지만 느낄 수가 없을 뿐이다. 유사종으로 모양이 비슷한 참부채버섯(*Panellus serotinus*)과 느타리버섯(*Pleurotus ostreatus*)이 있는데, 식용버섯인 이들은 자루에 털이 있고 밤에 발광하지 않는다. 더욱이 참부채버섯은 크기가 작고, 또 화경버섯은 나무에 붙는 자루가 검은색이므로 이를 잘라보면 뚜렷하게 구분이 가능하다.

독깔때기버섯 *Clitocybe acromelalga* 송이버섯과 준맹독

● 독성분인 아크로멜릭산류는 중추신경에 장애를 일으킨다. 중독증상은 빠를 경우 6시간 후부터 나타나지만, 대체로는 4, 5일이 지나 급격히 손발

독깔때기버섯

끝이 불에 달군 듯이 쑤시고 통증이 오며, 넘어졌다가 일어나기를 여러 번 반복하는 고통이 있을 정도다. 이런 상태가 10일에서 30일가량 계속된다. 늦을 경우는 1주일 후부터 나타나기도 한다. 중독이 되던 화상을 입을 정도로 뜨겁기 때문에 공포의 대상이지만, 중독 증상이 나타날 때 사람들은 이미 자신이 버섯을 먹었다는 것을 잊어버리고 다른 요인에 의한 것으로 생각하기 쉬워서 치료에 어려움을 겪게 된다. 그러나 이 버섯이 직접적인 원인이 되어 사망하는 일은 없다.

- 가을에 대나무숲이나 혼효림의 흙에 군생 또는 속생하며 균륜을 형성하는데, 한라산 등에 자생한다.
- 갓의 크기는 중형으로 산 모양이었다가 차차 깔때기 모양이 되고 가장자리는 안쪽으로 말린다. 오렌지 갈색 또는 황갈색인 표면은 매끄럽고, 건조하면 미세한 털이 나타나는 것도 있다. 주름살은 연한 크림색이나 연한 황갈색이며 긴 내린주름살이다. 자루의 길이는 짧고 섬유질이며 세로로 잘 갈라지고 갓과 같은 색을 띤다. 자루의 밑은 부풀고 속은 비어 있으며 백색의 솜털 같은 것이 덮여 있다. 포자의 크기는 소형으로 넓은 타원형 또는 난형이다.

맑은애주름버섯 *Mycena pura* 송이과 준맹독

- 독성분은 무스카린류이며 먹은 지 수십 분에서 네 시간이 지나면 땀이 나고 착란, 설사, 구토, 복통 등 위장계통과 신경계통의 증상이 나타난다. 심한 경우는 맥박이 느려지고 기관지 경련, 호흡곤란, 쇼크 등을 겪다가 죽음에 이르기도 한다. 맛은 무와 비슷하다.
- 여름과 가을 사이에 숲속 땅에서 군생한다. 어라산, 선달산, 모악산, 오대산, 지리산, 만덕산, 발왕산, 방태산, 가야산, 월출산, 백두산, 한라산, 연석산, 변산반도국립공원 등 전국에 자생한다.

맑은애주름버섯

● 갓의 크기는 소형으로 종 모양에서 편평하게 된다. 표면은 매끄러우며 장미색, 홍자색, 청자색, 백색 등 다양한 빛깔을 띠고, 습기가 있으면 줄무늬 홈선을 나타낸다. 주름살도 연한 홍색이나 자색 등인데 자루에 바른 또는 올린주름살이며 성기다. 자루는 길고 가늘며 갓과 같은 색으로 매끈하고 점액이 없다. 자루의 밑은 백색의 균사로 덮여 있으며 속은 비어 있다. 포자의 크기는 중형이고 원주형 또는 타원형이다.

3. 사람의 혼을 확 빼앗아가는 버섯

환각의 세계로 이끄는 독버섯

버섯에 어떤 종류의 물질들이 들어 있는지는 정확히 알 수 없지만 버섯은 자기 생존을 위해 여러 가지 화합물을 만들어낸다. 예를 들면 버섯은 다음 세대를 위한 포자를 만드는 훌륭한 기관을 가지고 있다. 어떤 화합물은 곤충에 포자가 붙어 있을 때는 곤충이 싫어하는 물질을 만들고, 상처에 다른 균이 들어오지 못하게 방어하는 물질을 만들기도 한다. 또 균사로부터 짧은 시간 내에 버섯의 모양을 만들어내는 데 필요한 물질도 만든다.

바이킹족은 정신 앙양을 목적으로 광대버섯을 먹고 전투를 했으며, 멕시코 원주민은 환각버섯을 종교의식에 사용했고, 독버섯을 출산을 돕는 약으로 이용한 사례도 있다. 이처럼 인류는 독버섯의 독을 이용해 신경을 마비시키고 환각 상태로 유도하여 부끄러움이나 두려움을 사라지게 했다.

말똥버섯 *Panaeolus papilionaceus* 먹물버섯과 일반독
● 독성분은 콜린, 아세틸콜린 등의 인돌알칼로이드류로 중추·말초 신경계에 작용한다. 실로시빈과 무스카린은 신경계통을 해치는 독성분이어서 잘못 먹으면 술에 취한 것 같은 상태가 되기도 하고 환상을 보기도 한다.

말똥버섯

그러나 하루 정도 지나면 회복이 되고 후유증은 없다.
- 봄에서 가을 사이에 소나 말의 배설물이 있는 목장과 잔디밭에서 군생한다. 지리산과 한라산 등에 자생한다.
- 갓은 소형으로 둥근 산 모양이며 가운데가 볼록하다. 연한 회색이나 회갈색인데 가운데는 황토색 또는 갈색이고, 매끄러우나 갈라져서 거북등처럼 된다. 가장자리는 안쪽으로 말리고 백색의 인편이 덮여 있다. 주름살은 바른주름살로 포자가 성숙하면 청회색에서 흑색이 되며 가장자리는 백색이다. 비교적 길며 미세한 가루가 있는 자루는 백색 또는 연한 홍갈색이며 단단하지만 부러지기 쉽다. 자루의 속은 차 있다가 비게 된다. 포자의 크기는 대형이고 레몬형 또는 타원형으로 흑갈색이다.
- 말똥버섯과 좀말똥버섯의 형태가 틀린 것은 환경조건이나 기후조건 때문으로 생각되는데, 이 버섯들을 같은 종류라고 보고한 학자도 있다. 웃음과 관련이 있어서인지 북한에서는 '테두리웃음버섯'이라고 한다.

좀말똥버섯 *Panaeolus sphinctrinus* 먹물버섯과 일반독
- 이보텐산, 무시몰, 실로시빈, 실로신의 독성분을 가진 이 버섯은 먹은

좀말똥버섯

지 20분에서 2시간 후에 술에 취하고 환상을 보는 것 같은 증상이 나타나는데 말똥버섯의 증상과도 비슷하다.
* 봄에서 가을 사이에 소나 말의 똥이나 기름진 밭에 군생하는데, 지리산, 한라산 등에서 자생한다.
* 갓은 소형으로 종 모양이며 가운데가 조금 볼록하다. 표면은 매끄럽고 암회색이며 마르면 연한 회색이 되고 가운데는 황토색 또는 갈색이다. 가장자리는 가늘게 갈라져서 톱니 모양이 된다. 주름살은 바른주름살로 회색에서 흑색이 되며 가장자리는 희고 밀생하거나 성기다. 비교적 길며 속이 비어 있는 자루는 암회색 또는 암적갈색이며, 상부는 연한 색으로 미세한 가루가 분포한다. 포자는 대형이고 레몬형 또는 타원형이다.

검은띠말똥버섯 *Panaeolus subbalteatus* 먹물버섯과 일반독
* 독성분은 밝혀지지 않았지만 먹으면 두통, 오한, 평형감각의 상실, 현기증, 혈압저하, 환상, 정신착란, 폭력 등 중추신경계통의 중독을 일으킨다.
* 여름에서 가을 사이에 숲속, 길가 등에 군생한다. 변산반도국립공원, 지리산, 만덕산, 다도해해상국립공원, 방태산, 속리산, 남산, 모악산, 완주

검은띠말똥버섯

(송광사) 등 전국에 분포한다.
- 갓은 중소형이고 원추형의 종 모양에서 편평하게 가운데가 올라간다. 표면은 습기가 있을 때는 암적갈색이고 마르면 연한 황토갈색이 되며 섬유상 인편으로 덮여 있다. 가장자리는 내피막의 흔적인 섬유상의 털이 붙어 있고 흑색이다. 주름살은 홈파진주름살이고 밀생하며 암갈색에서 흑색이 되는데 검은 반점이 있다. 자루는 가늘고 길며 갓과 같은 섬유로 덮여 있고, 턱받이는 불완전한 솜털모양 또는 섬유상이다. 자루 밑에는 백색의 균사가 있으며 속은 비어 있다. 포자의 크기는 중대형이고 레몬형이며 사마귀점으로 덮여 있다.

좀환각버섯 Psilocybe coprophila 독청버섯과 일반독
- 실로시빈 독성분을 가지고 있지만 환각성은 적다. 중추신경계에 검은띠말똥버섯과 비슷한 증상이 나타난다.
- 여름에서 가을 사이에 발생하며 말과 토끼의 똥에 속생한다. 영주 등지에서 자생한다.
- 갓은 소형으로 원추상의 종 모양이나 반구형 모양에서 퍼지며 가운데가

돌출한다. 표면은 습기가 있을 때 점액이 있으며, 투명한 연한 갈색 또는 적갈색이고 가장자리에 줄무늬선이 있다. 주름살은 바른 또는 내린주름살로 오래되면 자루에서 떨어진다. 주름살은 밀생하고 연한 회갈색에서 흑색이 되며 가장자리에 미세한 가루가 있다. 가늘고 긴 자루는 갓보다 연한 색을 띤다. 자루 아래쪽으로 미세한 세로줄의 섬유상 무늬가 있고, 밑은 조금 부풀어 긴 털이 부착하며 속은 비어 있다. 포자의 크기는 대형으로 육각형이고 벽이 두껍다.

좀환각버섯

검은쓴맛그물버섯 *Tylopilus nigerrimus* 그물버섯고· 일반독

- 정확하게 독성분이 밝혀지지 않았지만 먹으면 환각을 수반하는 신경계의 중독을 일으킨다. 냄새는 없지만 특유의 맛이 있는데 날로 먹거나 많이 먹으면 중독증상을 일으킨다.
- 여름에서 가을 사이에 참나무숲 등의 땅에 단생하거나 군생하며, 변산반도국립공원 등에서 자생한다.
- 갓은 중대형으로 둥근 산 모양에서 편평하게 된다. 연한 올리브 회색에서 흑색이 되며 미세한 털이 있다. 두껍고 단단한 살은 회백색이거나 연한 녹황색으로 공기에 닿으

검은쓴맛그물버섯

면 암회색으로 변한다. 관공은 올린 또는 끝붙은관공으로 연한 회황색이나 녹회색에서 적색을 거쳐 오렌지 회색 또는 붉은 회색이 되며, 상처를 받으면 흑색으로 변한다. 구멍은 관공과 같은 색이고 각진 소형이다. 짧고 굵으며 밑이 뾰족한 자루는 표면에 가루 같은 감촉이 있고 융기된 그물 모양이며, 황록색 또는 황회색을 띤다. 자루의 밑에는 올리브 황색 또는 황갈색의 얼룩이 있다. 그물은 바탕색과 같지만 손으로 만지거나 오래되면 흑색으로 변한다. 포자는 중대형으로 타원형이고 포자문은 상아색이다.
- 유사종에 검정그물버섯(*B. griseus*)이 있는데, 녹황색 자루가 아니며 살도 암회색으로 변하지 않는다.

사람의 정신을 빼가는 독버섯

실로시빈류의 독성을 갖고 있는 버섯들은 사람의 정신을 몽롱하게 만들어서 마치 미친 사람처럼 행동하게 한다. 아프리카 원주민 부족의 어떤 추장은 이 버섯을 먹고 신이 내린 계시를 받았다고 위장하여 주민들을 다스리기도 한다.

녹색미치광이버섯 *Gymnopilus aeruginosus* 끈적버섯과 일반독
- 실로시빈류 독성분을 가진 이 버섯은 쓴맛이 강하며, 먹으면 현기증, 오심 등의 중독증상이 나타난다. 불쾌한 냄새가 자극적이다.
- 봄에서 가을 사이에 침엽수와 활엽수의 고목, 살아 있는 나무의 밑둥치 껍질에 군생한다. 주로 한라산, 모악산 등지에 분포한다.
- 갓은 중소형으로 둥근 산 모양에서 편평하게 되며, 녹색과 황색이 섞인 자갈색으로 매끄럽게 갈라지고 녹색의 얼룩이 생긴다. 살은 오렌지 황색이며 쓴맛이 있고, 주름살은 바른 또는 올린주름살로 연한 황토색에서 오렌

녹색미치광이버섯

지 갈색이 되며 밀생한다. 자루는 비교적 짧고 중심성 또는 편심성이다. 갓과 같은 색이지만 녹색의 얼룩이 있고 세로줄의 섬유무늬가 있다. 턱받이는 두껍고 진한 오렌지색을 띠며 막질이고 쉽게 탈락한다. 포자의 크기는 중형이고 타원형이며 미세한 사마귀점이 있다.

미치광이버섯 *Gymnopilus liquiritiae*   끈적버섯과   일반독

- 실로시빈류의 독성분을 갖고 있으며, 먹으면 검은띠말똥버섯과 비슷한 증상을 나타낸다.
- 가을에 침엽수의 썩은 나무 위에 군생하거나 또는 속생한다. 주로 오대산, 지리산 등지에 분포한다.
- 갓은 소형으로 원추상의 종 모양에서 둥근 산 모양을 거쳐 편평

미치광이버섯

하게 된다. 표면은 매끄럽고 오렌지 황갈색이며 가운데는 짙은 색이고 가장자리에 줄무늬선이 나타난다. 살은 갓과 같은 색으로 버섯 냄새가 나지만 쓴맛이 조금 있다. 주름살은 바른주름살이고 황색에서 녹슨 갈색이 되

팽이버섯

며 밀생한다. 짧고 위아래가 같은 굵기인 자루는 녹슨 갈색인데, 위는 연한 갈색이고 아래는 암갈색으로 백색의 솜털이 있다. 자루에는 턱받이가 없고 속은 비었으며, 포자는 중형이고 아몬드형으로 미세한 사마귀점 같은 것이 있다.

● 유사종으로 식용버섯인 팽이버섯(*Flammulina velutipes*)이 있는데, 발생 상태는 비슷하지만 팽이버섯은 늦가을에서 초봄에 발생한다.

갈황색미치광이버섯 *Gymnopilus spectabilis* 끈적버섯과 일반독

● 짐노피린, 오스토파닉산, 콜린 등의 독성분이 있어서, 환각과 시력장애 등 중추신경계의 중독을 일으킨다. 짐노피린류가 쥐의 중추신경계에 작용하여 피부를 건조시키는데, 미국에서 실로시빈이 검출되었다는 보고가 있으므로 더욱 주의가 필요하다.

● 여름에서 가을 사이에 활엽수에 속생하며, 드물게 침엽수의 살아 있는

갈황색미치광이버섯

나무에도 속생한다. 변산반도국립공원, 무등산, 모악산 등에 분포한다.
● 갓은 중대형으로 반구형에서 둥근 산 모양을 거쳐 편평하게 되며, 황금색 또는 오렌지 황갈색이고 미세한 섬유무늬를 나타낸다. 살은 연한 황색 또는 황토색이 치밀하며 땀 냄새가 나는데 쓴맛이 있다. 주름살은 바른 또는 내린주름살이며 밀생하고, 황색에서 적갈색이 된다. 비교적 긴 자루는 위아래가 같은 굵기이고 갓보다 연한 색의 섬유상이며. 턱받이는 검게 녹슨 색이 섞인 적색의 두꺼운 막질이다. 포자는 중형이며 타원형 또는 난형인데, 미세한 사마귀점으로 덮여 있다.

4. 포식자에게 장해를 주는 독버섯

자기희생으로 종족을 보존하는 송이과 버섯류

먹을거리를 제공하는 대가로 포식자에게 설사 등을 일으켜 보복하는 버섯들이다. 포식자가 설사를 한다는 것은 포자가 소화되기 전에 설사를 통해 배설함으로써 종족을 보존하고 퍼지게 하는 것이다.

솔버섯

솔버섯 *Tricholomopsis rutilans* 송이버섯과
일반독

● 우리나라와 일본에서는 식용버섯으로 취급하지만 서양에서는 독버섯으로 알려져 있다. 하지만 종종 중독증상이 보고되므로 먹지 않는 것이 좋다. 소나무 등에 군생하는데 많이 수확되기 때문에 먹을 위험이 높다. 독성분은 알려지지 않았지만 설사 등 위장계통의 중독증상을 일으킨다.

● 여름에서 가을 사이에 침엽수의 그루터

기나 썩은 나무에 대부분 속생하지만 단생하는 것도 있다. 백두산, 속리산, 방태산, 한라산, 선운산, 가야산, 두륜산, 만덕산, 다도해해상국립공원 (금오도) 등 전국에 분포한다.

● 갓은 중대형이고 종 모양에서 편평하게 된다. 황색 바탕에 암적갈색의 미세한 인편이 빽빽하게 있어 가죽 같은 감촉이 있으며, 가운데는 짙은 색이다. 가장자리는 색이 엷고 아래로 말리며 인편이 있다. 주름살은 바른 또는 홈파진주름살로 밀생하며 황색인데, 가장자리는 색이 짙고 미세한 가루가 있다. 긴 자루는 위아래가 같은 굵기이고, 황색 바탕에 적갈색의 미세한 인편이 분포한다. 자루의 속은 비었고, 포자의 크기는 중형으로 짧은 타원형이다.

뽕나무버섯 *Armillariella mellea* 송이과 일반독

● 여러 나라에서 식용하는 맛있는 버섯이지만 간혹 장해를 일으키기도 하며 삼림에 막대한 피해를 주는 해균이다. 이 버섯은 흑색의 침을 가진 균사속을 형성하여 펴지며, 어린 균사속은 발광성이 있다. 북한에서는 개암버섯이라고 부르는데, 우리나라에는 독청버섯과에 속한 거암버섯이 따로 있다.

뽕나무버섯

독성분은 명확하지 않지만 날것으로 먹으면 수십 분에서 24시간 정도 사이에 구역질, 설사, 창자가 부글부글 하는 등의 위장계통 중독을 일으킨다.
- 봄에서 가을 사이에 활엽수와 침엽수의 그루터기나 죽은 가지 또는 살아있는 나무 밑에 군생 또는 속생하는 목재부후균으로 균근을 형성한다. 우리나라(한라산, 발왕산, 두륜산)와 북한(백두산, 남포, 박천, 양덕, 묘향산, 창성, 영광, 장진, 판교, 수양산, 금강산, 간모봉)에 거쳐 전국에 분포한다.
- 갓은 소형, 중형, 대형이고 반구형에서 차차 편평하게 되며 가운데는 조금 오목해진다. 표면은 황갈색 또는 갈색으로 가운데에 흑갈색의 미세한 인편이 덮여 있고 가장자리는 방사상 줄무늬선이 나타난다. 살은 백색 또는 황색이며 주름살은 백색인데, 연한 갈색의 얼룩이 생기고 자루에 바른 또는 내린주름살이다. 자루는 섬유상이고 황갈색인데 하부는 검은색이며, 짧은 것, 중간 길이, 긴 것 등 길이가 다양하다. 위아래 굵기가 비슷하지만 아래가 조금 부풀어 있다. 턱받이는 백황색의 막질이며 솜털 같은 인편이 붙어 있고, 포자의 크기는 중형으로 타원형이다. 포자문은 크림색이다.

이름과 다른 비단그물버섯류

비단그물버섯류는 그물버섯과에 속하며 대부분이 가을 소나무숲에서 발생하므로 서식지의 이름을 그대로 붙이는 관습에 따라 솔버섯이라고 부르기도 한다. 그러나 학술적으로 부르는 솔버섯은 따로 있다. 이 버섯으로 된장국을 끓이거나 고기와 함께 볶아서 먹는데, 날로 먹거나 많이 먹으면 가벼운 설사를 일으킨다.

비단그물버섯 *Suillus luteus* 그물버섯과 일반독

- 독성분이 알려지지 않았지만 복통, 설사 등 위장계통의 중독증상을 일으킨다. 점액의 젤라틴질이 특히 소화에 나쁘다. 또 알레르기를 일으키기도 하고 면역성의 용혈작용을 일으키는 일도 있다.
- 여름에서 가을 사이에 소나무숲의 땅에 군생한다. 변산반도국립공원, 두륜산, 발왕산, 지리산 등에 분포하는 비교적 흔한 종이다.
- 갓은 중대형으로 반구형에서 편평한 둥근 산 모양이 되며, 암적갈색이고 심하게 끈적거리는 액이 표피를 덮는다. 갓의 아래쪽은 백색 또는 암자색의 내피막으로 덮여 있으며 가장자리에 붙어 있다. 관공은 황색에서 황갈색이 되는데 구멍은 작고 원형이다. 자루는 짧고 굵으며, 구멍을 덮고 있던 내피막이 파괴되어 턱받이가 되지만 갓의 가장자리에 수직으로 매달리는 것도 있다. 턱받이는 나중에 젤라틴질화 되며 자색을 나타낸다. 턱받이의 상부는 황색으로 미세한 알맹이가 있고, 하부는 백색 또는 갈색의 반점과 얼룩이 있다. 포자의 크기는 중형인 장타원형 또는 타원상의 방추형이다.

비단그물버섯

젖비단그물버섯 *Suillus granulatus* 그물버섯과 일반독

- 독성분은 불분명하지만 위장계통 중독증상을 일으키며 사람에 따라서는 설사를 일으키기도 한다.
- 여름에서 가을 사이에 소나무숲의 땅에 군생한다. 한라산, 속리산, 다도

젖비단그물버섯

해해상국립공원(금오도), 지리산, 가야산, 발왕산, 오대산, 월출산 등과 북한의 묘향산, 대성산, 금강산 등에 분포한다.

- 갓의 크기는 중소형으로 반구형에서 둥근 산 모양을 거쳐 거의 편평하게 된다. 밤갈색인 표면은 습기가 있을 때는 심한 점액이 있고 계피색이지만 마르면 황색으로 변한다. 살은 연하고 황백색 또는 황색이며 변하지 않고, 갓과 자루의 위는 연한 황색이며 자루 밑은 계피색이다. 관공은 자루에 바른 또는 약간 내린관공이며 선황색이다. 구멍은 작고 관공과 같은 색인데, 어릴 때는 백색의 즙액을 분비하는 성질이 있으며 이것이 오래되면 계피색의 얼룩이 된다. 자루의 길이는 비교적 짧고 위아래 굵기가 같으며 자루의 밑은 가늘다. 자루는 연한 황색 바탕에 갈색의 얼룩이 있으며 위쪽에 미세한 알맹이가 밀포한다. 턱받이는 없고 자루의 속은 차 있다. 포자의 크기는 중대형으로 장타원형 또는 타원형상의 방추형이다.
- 북한에서는 '젖그물버섯'이라고 한다.

평원비단그물버섯 *Suillus placidus* 그물버섯과 일반독

- 독성분은 불분명하며 먹으면 설사 등의 위장계통 중독을 일으킨다. 일본에서는 독버섯으로 취급하지 않지만 중국 문헌에는 독버섯으로 기록되어

평원비단그물버섯

있다.
- 여름에서 가을 사이 소나무숲에 군생하며, 우리나라 운장산이나 중국, 시베리아, 북아메리카, 유럽 등에 분포하고 있다.
- 버섯의 크기는 소형, 중형, 대형으로 둥근 산 모양에서 차차 편평하게 된다. 표면은 매끈하고 점액이 있으며 탁한 백색에서 황색이 되고 물에 담그면 그을린 올리브색이 된다. 관공은 백색에서 연한 황색을 띠며 자루에 대하여 바른 또는 약간 내린관공으로 상처를 입어도 변색하지 않는다. 구멍은 작고 백색에서 연한 황색이 되며 때때로 연한 홍색의 액체를 분비한다. 살은 백색으로 연하고 맛은 없다. 자루는 백색에서 연한 황색이 되고 자갈색 또는 회갈색의 알맹이가 있다. 자루의 표면은 매끄럽고 점액이 있으며 가장자리는 물결 모양이다. 자루의 길이는 짧은 것, 긴 것 등이 있고 하부가 가늘며, 포자는 중대형이고 긴 타원형이다.

병 주고 약 주는 싸리버섯들

싸리버섯들은 가을철에 무더기로 발생하는데 시골장에 가면 할머니나 아줌마들이 따다가 말려서 파는 것을 흔히 볼 수가 있다. 말린 싸리버섯에는 여러 종류가 섞여 있는데, 그중에는 노랑싸리버섯처럼 설사를 일으키는 것도 있다. 싸리버섯들은 말리면 색깔이 거의 회백색이 되어 구분이 안 된다. 주로 고기와 같이 볶아 먹거나 고깃국에 넣어 먹는데 씹는 맛이 쫄깃쫄깃하여 사람들이 좋아한다. 버섯의 독성은 기름에 끓이면 없어지기 때문에 조리하는 과정에서 독성분이 중화된다. 그러므로 싸리버섯은 과식하지 않는 한 설사를 일으키는 경우가 거의 없다.

황금싸리버섯 *Ramaria aurea* 싸리버섯과 일반독

- 독성분은 연구되지 않았지만 먹은 지 수십 분 후부터 세 시간 정도 지나면 구토, 설사, 복통 등 위장계통의 중독증상이 나타난다. 그 후 탈수증, 산혈증, 경련, 쇼크를 일으킨다. 흔히 시골장에서 많이 팔고 있는데 주의하여야 한다.
- 가을에 숲속의 땅에 군생하며, 지리산 등지에서 자생한다.
- 버섯은 약간 큰 편이며 나뭇가지 모양으로 여러 번 분지하고, 지름은 5~20센티미터로 자루의 밑을 제외하고는 전체가 황금색 또는 노란 자색이다. 자루의 높이는 5~12센티미터로 굵고 백색이며 변색하지 않으나 부서

황금싸리버섯

지기 쉽다. 포자의 크기는 중대형으로 긴 타원형이며 표면이 거칠거나 매끄럽고, 포자문은 크림색이다.

노랑싸리버섯 *Ramaria flava* 싸리버섯과 일반독

- 독성분은 밝혀지지 않았지만 먹으면 심한 설사 증상이 나타난다.
- 가을에 혼효림의 땅에 군생하며, 방태산, 무등산 등에 자생한다.
- 버섯은 큰 편으로 지름이 10~20센티미터 정도이며, 백색 자루를 제외하고는 전체가 레몬색 또는 유황색이었다가 나중에 탁한 황색에서 황토색이 된다. 백색인 살은 상처를 받거나 오래되면 때때로 적색이 된다. 버섯의 높이는 7~15센티미터 정도로 굵고 세로로 찢어지지 않는다. 포자는 대형의 긴 타원형이고 사마귀 같은 반점으로 덮여 있으며 포자문은 황토색이다.

노랑싸리버섯

- 싸리버섯처럼 큰 버섯이며 자실체를 비비면 암적색으로 변색하므로 쉽게 알 수 있다. 유럽에서는 먹기도 하는데 요리법은 알려지지 않았다.

붉은싸리버섯 *Ramaria formosa* 싸리버섯과 일반독

- 독성분은 알려지지 않았지만 설사 등의 중독증상을 일으킨다.
- 가을에 활엽수림 땅에 열을 지어 군생하며, 가야산, 지리산, 방태산, 한라산, 속리산 등 전국에 분포한다.

붉은싸리버섯

- 버섯은 대형으로 전체가 주홍색 또는 분홍색이며 가지 끝은 황색이다. 살은 백색인데 상처를 입으면 자갈색이 되고, 연해서 마르면 부서지기 쉬우며 약간 쓴맛이 있다. 포자의 크기는 중대형으로 긴 타원형이고 표면에 미세한 사마귀점이 있다. 포자문은 황색이다.
- 황금싸리버섯과 비슷하지만 색깔이 틀려서 쉽게 구분할 수 있다.

5. 이름으로 승부하는 버섯

이름만 들어도 떨리는 버섯

동물들은 몸 색깔과 소리, 그리고 무서운 모습 등으로 상대방을 제압하려고 한다. 하지만 사람들은 좀 더 다양한 방법을 사용한다. 예를 들면 사물의 이름만으로도 그 사물의 특징을 바로 알 수 있도록 했는데, 광대버섯도 그러한 예이다. 실제로 광대버섯의 대부분이 독버섯에 속하고, 모양도 무서울 정도인 종류가 많다.

비탈광대버섯 *Amanita abrupta* 광대버섯과 준맹독
- 알리글리신 등 독성분이 많으며 위장계통의 심한 구토, 설사, 복통 등의 중독증상을 일으킨다.
- 여름에서 가을 사이에 떡갈나무, 침엽수, 혼효림 등에 산생하며 지리산 등에 분포한다.
- 갓의 크기는 중형이고 볼록한 모양에서 편평한 모양이 되며 백색이다. 사마귀점이 동심원상으로 배열되었다가 나중에 밋밋하게 되며 가장자리에 인편이 덮여 있다. 주름살은 끝붙은주름살로 밀생하고 백색이다. 짧고 굵은 자루는 백색이고 솜 같은 인편이 있으며 턱받이는 찢어진 막질이다. 자

비탈광대버섯

루의 밑은 급격하게 부풀며 속이 비어 있고, 대주머니는 불분명하지만 고리 모양이 있다. 포자의 크기는 중형으로 구형 또는 타원형이며 벽이 얇고 밋밋하다. 포자문은 백색이고 아밀로이드 반응을 나타낸다.

흰오뚜기광대버섯 *Amanita castanopsidis* 광대버섯과 준맹독

- 독성분은 불분명하지만 먹으면 비탈광대버섯과 비슷한 증상을 나타낸다.
- 여름에서 가을에 걸쳐 참나무숲에 군생하며 전국에 분포한다.
- 갓은 소형 또는 중형으로 둥근 산 모양에서 편평하게 된다. 백색이며 원추형의 큰 사마귀(대주머니의 파편)가 밀집되어 있고 가장자리에는 턱받이

흰오뚜기광대버섯

의 파편 조각이 붙어 있다. 주름살은 끝붙은주름살이고 백색이며 성기다. 자루의 길이는 비교적 길며 밑은 둥근 모양으로 부풀어 있고, 추 모양의 사마귀점 여러 개가 수레바퀴 모양으로 붙어 있다. 턱받이는 거미집 모양이고 일부는 자루의 위쪽에 파편으로 남아 있다. 포자는 중대형이며 장타원형으로 비아밀로이드 반응을 나타낸다.

암회색광대버섯 Amanita porphyria 광대버섯과 일반독

● 독성분은 부포테닌, 인돌알칼로이드, 용혈성 단백질 등이며, 날것으로 먹으면 위장계통의 중독을 일으킨다. 인돌알칼로이드 때문에 중추신경계 증상도 나타난다.

● 여름에서 가을 사이에 침엽수림의 땅에 단생하며, 한라산, 변산반도국립공원, 지리산, 방태산, 속리산, 가야산 등에 분포한다.

● 갓은 중소형으로 종 또는 둥근 산 모양이다. 회색 또는 회갈색을 띠며 암회색의 외피막 조각이 붙어 있다. 주름살

암회색광대버섯

은 백색의 올린 또는 끝붙은주름살이고 밀생한다. 자루는 길고 가늘며 밑이 부풀고, 턱받이 위쪽은 백색이며 아래쪽에는 연한 회색의 얼룩무늬가 있다. 턱받이는 회색 또는 흑갈색의 막질이다. 대주머니는 백색 또는 암회색으로 밑에 붙어 있지만 윗부분은 떨어져 있다. 포자의 크기는 중형이고 구형으로 아밀로이드 반응을 나타낸다.

암회색광대버섯아재비 *Amanita pseudoporphyria* 광대버섯과 일반독

- 독성분인 알리글리신은 위장계통의 중독과 경련 등의 신경계 중독을 일으킨다.
- 여름에서 가을 사이에 활엽수 또는 침엽수림의 땅에 단생하거나 군생한다. 속리산, 방태산 등에 분포한다.
- 갓은 중소형으로 둥근 산 모양에서 편평하게 되며 가운데가 오목하다. 회색 또는 회갈색이며 외피막의 대주머니 파편이 있다. 주름살은 백색이고 끝붙은주름살이며 가장자리는 가루 또는 솜털 모양으로 밀생한다. 자루는 길거나 짧으며 굵은데 백색 가루와 인편이 있고, 위쪽은 백색 막질의 턱받이가 있지만 부서지기 쉽고 아래는 부풀어 있다. 자루의 밑은 백색이고 턱받이의 하부는 인편이 약간 덮여 있으며 속은 차 있다. 턱받이는 백색의 막질이다. 자루 밑의 대주머니는 칼집 모양으로 백색이며, 포자의 크기는 중형으로 아밀로이드 반응을 나타낸다.

암회색광대버섯아재비

회색달걀버섯

- 유사종인 회색달걀버섯(*A. hemibapha* subsp. *smilis*)은 식용버섯으로 갓에 줄무늬 홈선이 있고 자루가 오렌지 황색이기 때문에 차이가 있다.

뱀껍질광대버섯 *Amanita spissacea*   광대버섯과   준맹독

- 독성분은 아마톡신류, 용혈성 단백질로 중독증상은 알광대버섯과 비슷하다.
- 여름에서 가을 사이에 활엽수 또는 침엽수림의 땅에 단생 또는 군생한다. 한라산, 변산반도국립공원, 모악산, 지리산, 가야산, 월출산 등에 분포하고 있다.
- 갓의 크기는 소형, 중형, 대형으로 둥근 산 모양에서 편평하게 되고 가운데가 약간 오목하다. 표면은 회갈색에서 암회갈색이며 약간 섬유상으로 흑갈색의 추 모양 사마귀 반점이 있고 살은 백색이다. 가장자리에 줄무늬 홈선은 없다. 주름살은 백색으로 자루에 끝붙은 또는 내린주름살이며 간격이 좁아서 밀생하고 가장자리에는 가루가 붙어 있다. 자루는 짧고 굵거나 가늘며, 회색에서 회갈색이며 작은 비늘조각이 덮여 있다. 자루 위쪽의 턱받이는 회백색의 막질이고 윗면에 미세한 줄무늬 홈선이 있다. 자루의 밑

방추광대버섯

뱀껍질광대버섯

은 둥글게 부풀어 있고, 그 표면에 흑갈색의 가루나 솜 같은 대주머니의 파편이 4~7열로 고리 모양을 이루고 있으며 자루의 속은 차 있다. 포자의 크기는 중대형이고 광타원형이며 아밀로이드 반응을 나타낸다.
● 유사종인 방추광대버섯(Amanita excelsa)은 식용버섯으로 대주머니(외피막)에 회색의 가루가 있고 자루는 거의 백색이다.

구슬광대버섯 Amanita sychnopyramis f. subannulata   광대버섯과   준맹독

● 독성분이 불분명하지만 준맹독 증상을 나타낸다.
● 여름부터 가을에 걸쳐 소나무, 참나무 등의 혼효림의 땅에 군생하는데, 지리산, 한라산 등에 분포하고 있다.
● 갓의 크기는 소형 또는 중형으로 반구형에서 가운데가 약간 오목한 편평형이 된다. 회갈색 또는 암갈색인 표면은 습기가 있을 때 약간 점액이 있고, 작은 추 모양의 백색 또는 연한 회갈색의 대주머니 파편조각이 사마귀 같은 반점으로 부착되어 있으며 가장자리는 방사상 줄무늬가 있다. 살은 백색이고 얇으며, 주름살은 백색으로 자루에 끝붙은주름살이며 간격이 좁아서 밀생한다. 자루는 비교적 길고 굵으며 거의 백색이고, 턱받이는 얇은 백색의 막질로 탈락하기 쉽다. 자루의 밑은 거꾸로 된 난형 또는 구형으로 백색이며, 얇은 대주머니의 파

구슬광대버섯

편으로 된 사마귀 반점이 고리 모양으로 붙어 있는 것도 있다. 포자는 중형으로 구형이며 비아밀로이드 반응을 나타낸다.
● 마귀광대버섯과 비슷하지만 갓의 사마귀점과 자루의 대주머니가 가늘고 인편이 각추 모양인 점이 다르다. 마귀광대버섯보다 자실체가 작다.

위장계통과 신경계통을 건드리는 버섯

무서운 장해는 일으키지 않지만 위장계통과 신경계통의 양쪽에 장해를 유발하는 버섯들이다.

애우산광대버섯 Amanita farinosa 광대버섯과 일반독
● 독성분은 불명확하나 위장계통과 신경계통의 중독을 일으킨다.
● 여름에서 가을 사이에 적송림 등의 흙에 군생한다. 변산반도국립공원, 두륜산, 지리산, 월출산, 소백산 등에 분포하고 있다.
● 갓의 크기는 소형이고 둥근 산 모양을 거쳐 편평하게 되며 가운데가 조금 오목하다. 표면은 건조하고 회갈색이며 회색의 가루 또는 솜털이 덮여

애우산광대버섯

있는데, 가운데는 미세한 비늘조각이 있고 가장자리에는 깊은 줄무늬 홈선이 있다. 주름살은 백색이고 자루에 끝붙은주름살이며 간격은 좁아서 성기다. 자루의 길이는 약간 길고 백색이며 가루 같은 것이 있고 턱받이는 없다. 자루의 밑은 굵고 회황색으로 속은 차 있거나 비어 있다. 대주머니는 자주회색의 가루 같은 것이 붙어 있으나 나중에 없어진다. 포자의 크기는 중형으로 무색의 난형 또는 타원형이며, 표면은 매끄럽고 비아밀로이드 반응을 나타낸다.
● 버섯 전체에 회색 또는 회백색의 가루가 부착되어 있다.

노란대광대버섯 *Amanita flavipes* 광대버섯과 일반독
● 독성분은 불명확하지만 위장계통과 신경계통의 중독을 일으킨다.
● 여름부터 가을까지 활엽수림 지역에서 단생한다. 지리산, 변산반도국립공원, 가야산 등에 분포되어 있다.
● 갓의 크기는 소형 또는 중형이고 둥근 산 모양을 거쳐 차차 편평하게 된다. 표면에는 황색의 사마귀 반점이 있으며, 습기가 있을 때는 약간 점액이 있고 황갈색이다. 가장자리는 황색으로 황금색 가루 같은 외피막의 파편이

노란대광대버섯

붙어 있고 줄무늬 홈선은 없다. 주름살은 백색 또는 연한 황색이며 자루에 끝붙은주름살이고 가장자리에는 가루 같은 것이 붙어 있다. 자루의 길이는 긴 편으로 연한 황색이며 상부는 백색, 하부는 황색가루 같은 물질이 덮여 있다. 자루의 위쪽 턱받이는 연한 황색의 막질이며 세로 줄이 있고, 턱받이 아래에는 황색가루가 있다. 대주머니에도 가루 같은 것이 있으며 불완전한 윤문이 되고, 자루의 밑은 둥근 모양으로 속이 차 있다가 비게 된다. 포자의 크기는 중형으로 넓은 타원형이며, 아밀로이드 반응을 나타낸다.

- 유사종인 마귀광대버섯은 갓에 줄무늬 홈선이 없고 전체가 황색인 점이 다르다. 또 파리버섯은 황색인 것은 비슷하지만 버섯이 작고 턱받이가 막질이며 갓에 줄무늬 홈선이 없다.

잿빛가루광대버섯 *Amanita griseofarinosa* 광대버섯과 일반독

- 독성분은 불명확하지만 신경계통과 위장계통 중독을 일으킨다.
- 여름에서 가을 사이에 활엽수림의 흙에 군생한다. 월출산, 지리산, 만덕산, 변산반도국립공원 등에 분포하고 있다.
- 갓의 크기는 소형 또는 대형으로 둥근 산 모양에서 차차 편평하게 된다. 표면에는 연회색 바탕에 회색 또는 암회갈색의 가루 같은 것이 있거나 솜털 모양의 외피막 파편이 덮여 있고, 추 모양의 사마귀가 분포하지만 탈락하기 쉽다. 가장자리에 줄무늬 홈선은 없고 살은 백색이며 상처를 입어도 변색하

잿빛가루광대버섯

지 않는다. 주름살은 백색이고 가장자리에 가루 같은 것이 붙어 있으며, 자루에 끝붙은주름살이고 간격이 약간 좁거나 넓어서 조금 밀생 또는 성기다. 자루의 길이는 긴 편에 속하고 갓과 같은 색이며 자루의 밑은 부풀어 있다. 자루 표면에 회색 가루나 솜털 같은 것이 있지만 없어지기 쉽다. 자루의 속은 차 있으며 턱받이는 회색이다. 포자의 크기는 중대형이고 타원형 또는 구형이며, 아밀로이드 반응을 나타낸다.
● 버섯 전체가 가루나 솜털 같은 것에 덮여 있어서 손으로 만지면 잘 묻는다.

노란막광대버섯 *Amanita neoovoidea* 광대버섯과 일반독

● 심한 구토 등 위장계통 중독과 환각 등 신경계통 중독을 일으키는 독성분을 가지고 있다.
● 여름에서 가을 사이에 혼효림의 흙에 군생하며, 만덕산과 내장산 등에 분포하고 있다.
● 갓의 크기는 중대형으로 반구형에서 둥근 산 모양이 되었다가 차차 편평하게 되는데 가운데가 약간 들어간다. 표면은 습기가 있을 때 약간 점액이 있고 백색 가루 같은 것이 덮여 있으며 연한 황토색의 커다란 대주머니 파편이 있다. 가장자리에는 때때로 턱받이의 파편 조각이 수직으로 매달려 있으며 줄무늬 홈선은 없다. 살은 백색이고 상처를 받아도 변색하지 않는다. 주름살은 자루에 끝붙은주름살로 백색 또는 연한 크림색이며 간격이 좁아서 밀

노란막광대버섯

생하고 가장자리에 가루가 있다. 자루는 백색으로 매우 길며 자루 밑은 거의 곤봉이나 원뿔 모양이고 표면에는 가루나 솜털 같은 것이 붙어 있다. 턱받이는 백색의 솜털 모양 또는 막질상이고 갓이 펴지면 가늘게 파괴되어 떨어진다. 포자는 중형으로 광타원형이며, 아밀로이드 반응을 나타낸다.

- 유사종인 큰주머니광대버섯은 대주머니가 쉽게 떨어지지 않는 노란막광대버섯과 구분된다. 또한 노란막광대버섯은 상처를 받아도 변색하지 않는다.

붉은주머니광대버섯 *Amanita rubrovolvata* 광대버섯과 일반독

- 독성분은 불명확하며 위장계통과 신경계통의 중독을 일으킨다.
- 여름에서 가을 사이에 활엽수림, 낙엽수림, 소나무숲 등의 땅에 단생 또는 군생하며, 전국적으로 분포하고 있다.
- 갓의 크기는 소형으로 둥근 산 모양을 거쳐 편평하지 되며 가운데가 조금 오목하다. 표면은 선명한 붉은색으로 가장자리는 황색이며, 붉은색 가루 모양의 사마귀 반점이 산재해 있다. 가장자리에 방사상의 줄무늬 홈선이 나타나며, 살은 백색이나 연한 황색이다. 주름살은 연한 황백색으로 자루에 끝붙은주름살이고 간격이 좁아서 밀생한다. 연한 황색이나 오렌지 황색인 자루는 비교적 길고 위아래 굵기가 같으며, 가루 모양의 작은 인편이 덮여 있고 가운데에 막질의 턱받이가 있다. 자루의 밑은 부풀어 있고 황색이나 적황색 가루모양

붉은주머니광대버섯

의 대주머니 파편이 불완전한 윤문으로 되어 있다. 포자는 중형으로 아구형이며, 비아밀로이드 반응을 나타낸다.
● 광대버섯이 붉은주머니광대버섯과 유사하지만 크기가 작고 갓의 사마귀점과 자루의 대주머니가 적색이나 황색인 점에서 구별이 된다.

흰우산버섯 *Amanita vaginata* var. *alba*   광대버섯과   일반독

● 독성분은 불명확하며 위장계로부터 신경계의 중독을 일으킨다.
● 여름부터 가을에 걸쳐 혼효림의 땅에 단생한다. 전주수목원, 연석산, 소백산, 한라산, 월출산, 가야산, 속리산, 두륜산 등에 분포하고 있다.
● 우산버섯의 변종으로 전체가 백색이며 갓의 크기는 중형으로 종 모양에서 둥근 산 모양을 거쳐 편평하게 된다. 백색 표면에 가끔 백색의 대주머니 파편이 붙어 있다. 가장자리에 방사상의 줄무늬 홈선이 있고 살은 백색이며, 주름살은 백색이고 자루에 끝붙은주름살이다. 자루는 백색이며 길이가

흰우산버섯

고동색우산버섯

긴 편인데 위가 가늘고 매끄러우며 약간 인편이 있다. 턱받이는 없고 자루 밑에 백색의 칼집 같은 막질의 대주머니가 있다. 포자는 대형의 구형으로 비아밀로이드 반응을 나타낸다.

● 유사종인 우산버섯과 고동색우산버섯(*Amanita vaginata* var. *fulva*)에 비해 크기가 작고 흰색이어서 우산버섯의 변종으로 취급한다. 또 독우산광대버섯과 비교해 보면 순백색이 아니고 자루에 턱받이가 없다.

우산버섯 *Amanita vaginata* var. *vaginata* 광대버섯과 일반독

● 독성분은 용혈성 단백질이며 먹은 지 수십 분에서 24시간이 지나면 팽만감, 복통, 구토, 설사, 맥박 느림, 불안감 등 위장계통과 신경계통의 중독을 일으킨다. 날것으로 먹으면 심한 용혈을 일으킨다.

● 여름에서 가을 사이에 침엽수 또는 활엽수림의 땅에 단생 또는 산생한다. 월출산, 가야산, 속리산, 한라산, 발왕산, 방태산, 변산반도국립공원, 소백산, 지리산, 만덕산, 안동 등에 분포하며, 북한에서는 백두산, 오가산, 묘향산, 대성산, 금강산, 관모봉, 차일봉 등에 분포한다.

● 갓의 크기는 중소형이고 종 모양에서 둥근 산 모양을 거쳐 편평하게 된다. 표면은 회색이나 회갈색인데 백색의 대주머니 파편조각이 있고, 가장자리에는 방사상의

우산버섯

줄무늬 홈선이 있다. 살은 얇고 백색이며, 주름살도 백색으로 자루에 끝붙은주름살인데 간격이 약간 좁아서 조금 밀생한다. 백색 또는 연한 회색인 자루는 긴 편이며 위가 가늘고, 표면은 매끄럽거나 약간 솜털 같은 연한 인편이 있다. 턱받이는 없고 자루 밑에 백색의 막질 칼집 같은 대주머니가 있다. 포자의 크기는 지름이 대형으로 구형이며, 비아밀로이드 반응을 나타낸다.

- 북한에서는 '학버섯' 이라고 하며, 세계적으로 공원 풀밭에서부터 아고산대까지 광범위하게 발생하는 버섯이다.

흰가시광대버섯 *Amanita virgineoides* 광대버섯과 일반독

- 독성분은 불분명하며 위장계통과 신경계통의 중독을 일으킨다.
- 여름에서 가을 사이에 숲속의 땅에 단생하는데 드물게 산생하기도 한다. 변산반도국립공원, 지리산, 만덕산, 오대산, 한라산, 속리산, 월출산, 가야산, 다도해 해상국립공원, 두륜산, 방태산 등에 분포하고 있다.
- 갓의 크기는 대형으로 둥근 산 모양에서 차차 편평하게 되며, 가장자리

흰가시광대버섯

에 턱받이의 파편이 붙어 있다. 표면은 백색이고 미세한 가루가 있으며 높이 1~3밀리미터의 대주머니 파편인 원추상 사마귀가 많이 붙어 있지만 쉽게 떨어진다. 살은 백색인데 마르면 고약한 냄새가 난다. 주름살은 백색 또는 크림색이고 자루에 끝붙은주름살로 간격이 약간 좁아서 조금 밀생한다. 가장자리에는 가루가 있다. 자루의 길이는 매우 길며 꽥색으로 아래는 곤봉 모양으로 부풀고 표면에는 솜털 같은 인편이 덮여 있다. 자루 밑 부푼 부분에는 갓 같은 사마귀가 윤문상으로 많이 붙어 있다. 턱받이는 크고 막질인데 윗면에는 줄무늬선이 있고, 아랫면에는 송곳 모양의 사마귀 반점이 붙어 있으며 갓이 펴지면 파괴되어 없어진다. 자루의 속은 비어 있고, 포자의 크기는 중대형으로 타원형이며 아밀로이드 반응을 나타낸다.
- 일부 지방에서 식용하지만 위장계통의 중독증상이 있고 대형버섯이어서 많이 먹을 수 있기 때문에 주의해야 한다.

이름값 못하는 독버섯

광대버섯이라는 무서운 이름을 가지고 있지만 위장 장해나 신경 장해를 약간 일으키다 회복되는 버섯들이다.

점박이광대버섯 *Amanita ceciliae* 광대버섯과 일반독
- 독성분은 불명확하며 복통, 구토, 설사 등 위장계통 중독을 일으킨다.
- 여름에서 가을 사이에 숲속, 정원에 단생 또는 군생한다. 우리나라에서는 월출산, 속리산, 방태산 등에 분포하며, 북한에서는 묘향산, 대성산 등에 분포하고 있다.
- 갓의 크기는 중형으로 반구형에서 편평하게 된다. 표면은 황갈색에서 암갈색을 띠며 점액이 있고 회흑색의 가루 모양 사마귀(외피막의 파편)가 있

점박이광대버섯

으며, 가장자리에는 방사상의 줄무늬선이 있다. 주름살은 백색으로 가장자리에 회색가루 같은 것이 있다. 자루의 길이는 길고 위아래 굵기가 거의 같은데, 표면은 회색의 가루 모양이나 섬유 모양의 인편으로 덮이고 턱받이는 없다. 자루 밑동에는 회흑색의 주머니 흔적이 고리 모양으로 붙어 있다. 포자는 구형이며 대형으로 한 개의 큰 기름방울을 가지고 있고, 비아밀로이드 반응을 나타낸다.

● 북한에서는 '검은점갓주머니학버섯'이라고 하는데, 대주머니가 분명한 칼집 모양 또는 주머니 모양으로 떨어지지 않고 불분명한 상태로 남아 있는 것이 특징이다.

구근광대버섯 *Amanita gymnopus* 광대버섯과 일반독

● 독성분은 불명확하며 위장계통 중독을 일으킨다.
● 여름에 발생해 숲속의 흙에 산생한다. 우리나라 방태산에 자생하며, 일본과 말레이시아 등에도 분포하고 있다.
● 갓의 크기는 중형으로 둥근 산 모양에서 평평해지며 가운데는 약간 볼록하다. 표면은 크림색에서 황색 또는 황토색을 띤다. 연한 황색이나 갈색의 얇은 막질 대주머니 파편이 부착되어 있으며, 가장자리에는 대주머니의 파편이 아래로 부착되어 매달리고 줄무늬선은 없다. 살은 상처를 받으면 약간 적갈색으로 변색하고, 독특한 냄새가 심하게 풍긴다. 주름살은 자루에

떨어진주름살로 황색에서 황토색을 띠며, 주름살이 밀생하거나 또는 성기고 가장자리에는 가루 같은 것이 붙어 있다. 약간 긴 편인 자루는 크림색이고, 턱받이의 위쪽은 황백색이며 막질이다. 자루의 밑은 약간 부풀어 있으며 황백색으로 대주머니는 없다. 포자의 크기는 중형으로 광타원형이며, 아밀로이드 반응을 나타낸다.

구근광대버섯

긴골광대버섯아재비 *Amanita longistriata* 광대버섯과 일반독

- 독성분은 불분명하며 복통, 구토, 설사 등 위장계통 중독을 일으킨다.
- 여름에서 가을 사이에 활엽수림, 혼효림의 흙에 단생한다. 한라산, 변산반도국립공원, 가야산 등에 분포하고 있다.
- 갓의 크기는 소형이거나 중형으로 어릴 때는 난형 또는 종 모양에서 차차 둥근 산 모양이 되었다가 가운데가 약간 들어간다. 회갈색 또는 회색을 띠는 표면은 매끈하고 습기가 있을 때는 약간 점액이 있으며, 가장자리에 방사상의 줄무늬선이 있다. 살은 얇고 거의 백색이며 갓의 표피 아래는 약간 회색을 나타낸다. 주름살은 연한 홍색이고 간격이 밀생 또는 약간 성기며, 가장자리에는 미세한 가루 같은 것이 있다. 주름살은 자루에 끝붙은주름살이며 끝은 자루의 표면에 세로 줄무늬선을 나타낸다. 자루의 길이는 짧은 것, 비교적 긴 것 등 다양한데 위아래가 같은 굵기이나 위쪽으로 약간

긴꼴광대버섯아재비

가늘기도 하다. 자루의 표면은 거의 백색이고, 턱받이 위에는 백색이나 연한 회색의 막질이 있으며 아래는 매끈하거나 약간 섬유상이다. 자루의 밑도 백색이고 막질이며 컵 모양의 대주머니가 있는데 자루 속은 차 있거나 비어 있다. 포자의 크기는 대형으로 광타원형이며, 포자문은 백색이다.

● 우산버섯과 비슷하지만 턱받이가 없는 것으로 구분된다. 유사종인 턱받이광대버섯과는 갓의 턱받이에 긴 주름무늬선이 없고 홍색인 것으로 구분한다.

붉은점박이광대버섯 Amanita rubescens 광대버섯과 일반독

● 루벤센수리신, 아마톡신류의 독성분을 가지고 있으며, 날것으로 먹은 후 수십 분에서 24시간 정도 지나서 매스꺼움, 설사 등의 위장계통 중독을 일으킨다. 맹독성분인 아마톡신을 함유하고 있지만 알광대버섯에 비하면 적은 양이다.

● 여름에서 가을 사이에 침엽수 또는 활엽수림의 땅위에 단생하거나 산생한다. 지리산, 한라산, 가야산, 월출산 등에 분포하고, 북한에서는 오가산, 묘향산, 대성산, 금강산 등에 분포하고 있다.

● 갓의 크기는 중대형으로 둥근 산 모양을 거쳐 차차 편평하게 되며 가장자리가 위로 올라간다. 표면은 적갈색이나 암적갈색에서 회백색 또는 연한

갈색이 되고, 가루 모양인 외피막의 파편이 붙으며, 가장자리에 줄무늬선은 없다. 살은 백색으로 상처를 입으면 적갈색으로 변색한다. 주름살은 자루에 끝붙은주름살로 연한 적갈색인데, 위쪽은 백색이며 막질의 턱

붉은점박이광대버섯

받이가 있고 턱받이 아래에는 적갈색의 얼룩이 생긴다. 자루의 길이는 비교적 긴 것부터 매우 긴 것까지 다양하고 위아래 굵기가 비슷하지만 밑이 약간 부풀기도 하며 대주머니의 파편이 붙어 있다가 차츰 떨어진다. 포자의 크기는 중형이고 타원형 또는 난형으로 아밀로이드 반응을 나타낸다.
- 북한에서는 '색깔이닭알버섯'이라고 한다. 유사종인 마귀광대버섯은 갓에 줄무늬선이 있고 전체가 붉은색을 나타내지 않으며 변색하지 않는 점이 다르다.

애광대버섯 *Amanita citrina* var. *citrina* 광대버섯고- 일반독

- 독성분은 아마톡신류(미량), 부포테닌 등의 인돌알칼로이드, 용혈성 단백질이며, 인돌알칼로이드를 함유하기 때문에 중추신경계의 중독증상이 나타난다. 또 미량이지만 아마톡신이 검출되기 때문에 주의가 필요하다.
- 여름에서 가을에 걸쳐 침엽수와 혼효림의 땅에 단생 또는 군생한다. 변산반도국립공원, 지리산, 월출산, 속리산, 한라산, 방태산 등에 분포하고, 북한에서는 묘향산, 대성산, 금강산, 양덕 등에 분포하고 있다.

애광대버섯

- 갓의 크기는 소형 또는 중형으로 반구형이었다가 둥근 산 모양을 거쳐 차차 편평하게 되며 황갈색이나 황회색의 파편이 붙어 있다. 주름살은 백색이며 자루에 끝붙은주름살이고 간격이 좁아서 밀생한다. 자루의 길이는 비교적 짧은 것부터 긴 것까지 여러 가지인데, 자루의 밑은 구근상이고 표면은 황색이며 상부에 연한 황색 막질의 턱받이가 있다. 대주머니는 자루의 밑에 동그랗게 붙어 있고 탁한 백색이다. 포자의 크기는 중형이며 구형으로, 아밀로이드 반응을 나타낸다.
- 갓은 녹색에서 오렌지색이 되고, 자루의 표면은 녹색이 되는 특징이 있다. 북한에서는 '작은닭알독버섯' 이라고 한다.

무당의 옷을 입은 버섯

동식물 가운데는 화려한 색깔을 가지고 있는 경우가 많이 있다. 그런데 때에 따라서 원색은 오싹한 기분마저 들게 한다. 실제로 붉은색은 적에게 위협적인 색깔이기 때문에 울긋불긋한 색을 띤 동물들을 보면 사람들까지도 무서워한다. 같은 뱀이라도 물뱀보다는 꽃뱀이 무섭고, 빨간 반점을 가진 무당벌레는 천적들조차 먹이로서 꺼린다. 결국 동식물들은 자기를 보호하기 위한 전략으로 붉은 색깔로 진화를 한 것이다.

무당버섯은 말 그대로 무당의 옷 같은 울긋불긋함 때문에 이러한 이름을 얻게 되었다. 그렇다고 모든 무당버섯이 붉은색을 띠지는 않으며, 하얀색이나 검은색을 띠는 것들도 많다.

냄새무당버섯 Russula emetica 무당버섯과 일반독

- 독성분은 무스카린류, 용혈성 단백질 성분을 가지고 있으며, 먹은 지 수십 분부터 세 시간 정도 지나서 복통, 심한 설사 등 콜레라 같은 위장계통의 중독증상이 나타난다. 심한 경우는 탈수, 산혈증, 경련, 쇼크 등을 일으킨다.
- 여름부터 가을 사이에 활엽수, 침엽수림의 땅에 단생 또는 군생한다. 무당버섯 가운데 가장 흔한 종으로, 가야산, 다도해해상국립공원, 두륜산, 발왕산, 변산반도국립공원, 월출산, 속리산, 오대산, 지리산, 소백산, 만덕산, 방태산, 무등산 등 전국에 분포한다.
- 갓은 중소형으로 반구형에서 둥근 산 모양을 거쳐 편평하게 된다. 표면은 습기가 있을 때 점액이 있고, 선홍색이다가 비를 맞으면 퇴색하여 백색이 된다. 가장자리에 줄무

냄새무당버섯

늬 홈선이 나타나고 벗겨지기 쉬우며, 주름살은 백색 또는 연한 크림색으로 밀생한다. 자루는 짧고 굵으며 백색이고 속은 해면상이며 부드럽다. 버섯 전체가 매운맛이 있고 부서지기 쉽지만 상처를 받아도 변색되지는 않는다. 포자는 중형으로 난상의 아구형이며, 표면에는 가시 모양의 돌기와 미세한 그물눈이 있다.

● 유사종인 홍색애기무당버섯(*R. fragilis*)은 소형으로 적색, 자색, 홍자색, 연한 자색 등이 있으며, 주름살 가장자리는 미세한 톱니 모양이다. 냄새무당버섯과 비슷한 종류가 많아서 구분에 어려움이 있으므로 절대로 먹어서는 안 된다.

깔대기무당버섯 *Russula foetens* 무당버섯과 일반독

● 독성분은 알려지지 않았으나 강한 오심, 구토, 복통, 설사 등의 위장계통 중독증상이 나타난다.
● 여름에서 가을 사이의 숲속에 군생하며 전국에 분포하는 비교적 흔한 종이다.
● 갓은 중대형으로 가운데가 오목한 깔때기 모양이다. 탁한 황갈색이나 갈색을 띠며 습하면 점액이 있고 가장자리는 연한 색이다. 가장자리에는 뚜렷한 방사상 홈선이 있으며 홈의 밑에는 작은 젖꼭지 같은 돌기가 늘어서 있고 표피는 벗겨지지 않는다. 살은 약간 단단하고 연한 색이며 매운맛이 있는데

깔대기무당버섯

오래된 기름 같은 불쾌한 냄새가 난다. 주름살은 자루에 올린주름살로 백색에 갈색 얼룩이 있고, 길고 가는 자루에는 황토색 얼룩과 얇은 세로줄의 주름이 있으며 속은 비어 있다. 포자는 중형이고 거의 구형이며 표면에 가시와 가시의 연결맥이 있고 포자문은 백색이다.

흙무당버섯 Russula senecis 무당버섯과 일반독

- 독성분은 불분명하지만 오심, 구토, 복통, 복부팽창, 설사 등 위장계통의 중독을 일으킨다.
- 여름에서 가을 사이에 활엽수림의 땅에 군생한다. 다도해해상국립공원, 변산반도국립공원, 만덕산, 월출산, 속리산, 오대산, 지리산, 안동, 한라산 등 전국에 분포하며 쉽게 발견되는 흔한 종이다.
- 갓의 크기는 중형으로 둥근 산 모양에서 편평하게 되고 가운데는 오목하다. 황토갈색 또는 탁한 황토색이며 습기가 있을 때 점액이 있다. 성숙하면 가장자리가 방사상으로 갈라지거나 거북등처럼 갈라져 바탕색이 드러나며 연한 색의 줄무늬 홈선이 있다. 살은 냄새가 조금 나고 매운맛이 있다. 주름살은 끝붙은주름살로 황백색 또는 탁한 백색이며, 가장자리는 갈색 또는 흑갈색을 띠는데 성기다. 자루는 길고 굵으며 황색으로 갈색 또는 흑갈색의 미세한 반점이 있고, 속이 주판알 모양처럼 빈 것도 있다. 포자는 중형으로 구형이며 표면에 큰 가시와 날개 모양의 융기를 가지고 있다.

흙무당버섯

애기무당버섯 *Russula densifolia* 무당버섯과 준맹독

- 독성분은 불분명하지만 구토, 설사 등의 중독을 일으키며 심할 때는 사망할 수도 있다.
- 여름에서 가을 사이에 숲속의 땅에 군생한다. 발왕산, 변산반도국립공원, 한라산 등에 분포하고, 북한에서는 대성산, 신양, 묘향산, 금강산 등에 분포하고 있다.
- 갓의 크기는 중형으로 둥근 산 모양을 거쳐 깔때기 모양이 되며, 표면에 약간의 점액이 있다. 처음에는 백색이지만 나중에 회갈색을 거쳐 흑갈색이나 흑색이 되고, 살 또한 백색인데 상처를 받으면 적색 또는 청색을 거쳐 흑색이 된다. 주름살은 자루에 바른 또는 내린주름살로 백황색 또는 백적색이고 분지하며 간격이 좁아서 밀생한다. 자루의 길이는 짧고 굵으며 백색인데 상처를 받으면 적색이 되었다가 흑색이 된다. 자루의 표면에는 미세한 그물 모양 주름이 있고 자루의 속은 차 있다. 포자의 크기는 중형이며 아구형으로 멜저액 반응에 그물눈이 나타나고 포자문은 백색이다.
- 맛이 무척 매운데 끓여서 먹는 경우도 있지만 먹지 않는 것이 좋다. 유사종인 흙갈색무당버섯은 어릴 때 상처를 받으면 약간 적색으로 변하며 나중

애기무당버섯

에 천천히 회색이 된다. 또 검은무당버섯은 손으로 만지거나 상처를 받으면 흑색으로 변하는 것이 차이점이다. 북한에서는 '밴주름검은갓버섯'이라고 한다.

흰무당버섯아재비 *Russula japonica* 무당버섯과 준맹독

- 독성분은 불분명하며 위장계통의 중독을 일으킨다.
- 여름에서 가을 사이에 혼효림 및 풀밭에 군생하며 균륜도 형성한다. 우리나라 곳곳에 분포되어 있고, 일본, 중국, 시베리아, 유럽, 아프리카 등 세계적으로 분포하고 있다.
- 갓의 크기는 중대형으로 둥근 산 모양에서 편평하게 되지만 가운데는 오목해졌다가 깔때기형이 된다. 표면은 연하며 약간 가루 모양이고, 백색에서 약간 황갈색을 띤다. 살은 백색에서 회색이 되며 드껍고 단단하지만 부서지기 쉽고 쓴맛이 조금 있다. 자루에 끝붙은주름살이었다가 갓이 펴지면 때때로 내린주름살이 되며, 백색에서 크림색을 거쳐 황토색이 되고 폭과 간격이 좁아서 밀생한다. 자루의 길이는 짧고 굵으며 백색에서 회갈색을 띠는데 구리색 같은 적색의 반점이 있고, 위아래 굵기가 같으나 아래쪽으

흰무당버섯아재비

로 약간 가늘며 표면은 조금 주름져 있다. 속은 차 있지만 나중에 해면상이 된다. 포자는 중형으로 아구형의 타원형이며 표면에 가시가 있고, 멜저액으로 염색하면 그물무늬가 나타난다. 포자문은 연한 황색 또는 황토색이다.

6. 독버섯들의 음모

젖 속에 독을 숨긴 버섯

상처를 받으면 분비하는 버섯들의 젖에는 매운맛, 쓴맛, 무미건조한 맛 등이 포함되어 있다. 젖을 분비하는 버섯으로 진화한 원인을 명확하게 알 수는 없지만 아마도 나름대로의 생존전략일 것으로 보인다. 예를 들면 어떤 젖은 너무나 매워서 혀끝으로 살짝 핥기만 해도 혀가 잘려나간다고 느낄 정도로 쓰리고 맵다. 결국 한 번 매운맛을 본 포식자들은 두 번 다시 공격하지 않을 것이고, 젖버섯은 생태계에서 살아남을 수 있게 되는 것이다. 한편 젖들의 색깔은 흰 것, 노란 것, 보라색, 물 같은 색 등 다양하며, 또한 분비한 후 다른 색깔로 변하는 것 등 마술 같은 변색을 하여 우리를 놀라게 한다.

젖버섯 *Lactarius piperatus*   무당버섯과   일반독
- 독성분은 불분명하지만 먹으면 구토 등 위장계통의 중독을 일으킨다. 몹시 매운데 물에 담갔다가 식용할 수 있다고 하지만 먹어서는 안 된다.
- 여름에서 가을 사이에 활엽수, 침엽수의 땅에 근생하며, 전국적으로 분포하고 있다.
- 갓은 중대형으로 가운데가 오목한 둥근 산 모양에서 얕은 깔때기 모양이

젖버섯

된다. 매끄럽고 주름무늬가 있으며 백색에서 연한 황색이 되는데 황색이나 황갈색의 얼룩이 생긴다. 가장자리에는 미세한 요철 같은 것이 있다. 주름살은 내린 또는 바른주름살로 밀생하며 폭이 좁고 백색에서 크림색이 된다. 상처를 받으면 백색의 젖이 대량으로 분비되는데 변색하지 않으며 맛이 몹시 매워서 혀가 저릴 정도다. 자루는 짧고 굵으며 백색으로 단단하고 속이 차 있다. 포자는 중형이며 광타원형 또는 아구형이고, 표면에 미세한 사마귀점과 가는 줄무늬선이 있다.

굴털이아재비 *Lactarius subpiperatus* 무당버섯과 준맹독

- 독성분은 불분명하며 위장계통의 중독이 일어난다.
- 여름부터 가을에 걸쳐 낙엽 속의 땅에 군생한다. 방태산, 무등산, 다도해해상국립공원의 금오도 등지에 분포하고 있다.
- 갓은 중형으로 둥근형에서 얕은 깔때기 모양이 되고 백색인데 나중에 황색 또는 황갈색 얼룩이 생기며 점액이나 윤기는 없다. 가장자리는 물결형으로 안으로 말리며, 표면은 건조성이고 가루 같은 것이 있는 경우도 있으며, 살은 황백색으로 얇고 단단하며 맛은 매우 맵다. 주름살은 자루에 내린

굴털이아재비

주름살로 비교적 밀생하고 백색이며, 상처를 받으면 백색의 젖이 나오는데 나중에 연한 황색으로 변한다. 자루의 길이는 짧고 굵으며 백황색이고 점액은 없으며 표면은 주름지고 백색 분말이 있다. 자루의 밑은 가늘고 속이 차 있으며 백색이다. 포자의 크기는 중형으로 광타원형이며 백색으로 미세한 침과 불분명한 그물눈이고 멜저액 반응에서는 아길로이드 반응을 나타낸다.

- 유사종인 젖버섯은 주름살이 밀생하고 거칠어서 구분이 되고, 새털젖버섯은 자루가 비교적 길고 갓과 자루에 짧은 털이 없어서 쉽게 구분된다. 굴털이아재비는 이 두 종의 중간 형태를 가지고 있다.

노란젖버섯 *Lactarius chrysorrheus*　무당버섯과　일반·독

- 독성분은 알 수 없지만 먹으면 위장계통의 중독을 일으킨다.
- 여름에서 가을에 활엽수가 섞인 소나무숲의 땅에 군생한다. 가야산, 지리산, 모악산, 만덕산 등에 분포하는 비교적 흔한 종이다.
- 갓은 중형으로 가운데가 오목하게 둥근 산 모양에서 약간 깔때기 모양이

노란젖버섯

된다. 표면은 털로 덮여 있고 황색을 띤 연한 살색인데 진한 색으로 된 동심원상의 무늬가 있고, 가장자리는 아래로 말려 있으며 털이 있다. 주름살은 자루에 내린주름살로 크림색 또는 연한 살색이며 밀생한다. 상처를 받으면 변색하고, 다량 분비되는 젖은 백색에서 자색으로 변색하며 맛이 쓰다. 자루는 비교적 길고 굵으며 갓과 같은 색 표면에 곰보자국 같은 것이 있고 속은 비어 있다. 포자의 크기는 중형으로 구형이고, 표면에 사마귀 같은 반점과 희미한 그물눈이 있다. 매운맛이 특징이다.

새털젖버섯 *Lactarius vellereus* 무당버섯과 일반독

- 독성분은 모르지만 먹으면 위장계통의 중독을 일으킨다.
- 여름에서 가을에 걸쳐 활엽수 또는 침엽수림의 땅에 단생 또는 군생한다. 가야산, 다도해해상국립공원, 방태산 등에 분포하는데 비교적 드문 종이다.
- 갓은 대형으로 가운데가 약간 들어간 둥근 산 모양에서 얕은 깔때기 모양이 된다. 표면은 백색으로 황갈색의 얼룩이 생기며 벨벳 같은 미세한 털

로 덮여 있고, 가장자리
는 안쪽으로 말린다. 젖
또한 백색이고 몹시 매
운맛이 있다. 주름살은
바른 또는 내린주름살
로 두껍고 백색 또는 황
색을 띠며 성기다. 자루
도 백색에서 황색이 되

새털젖버섯

는데 굵고 짧으며 미세한 털이 있다. 포자의 크기는 중형으로 난형 또는 아구형이며, 표면에 미세한 사마귀점과 그물눈이 있다.

털젖버섯아재비 *Lactarius subvellereus* 무당버섯과 준맹독

- 독성분은 불분명하며 위장계통의 중독을 일으킨다.
- 여름에서 가을 사이 숲속의 땅에 군생한다. 오대산, 무등산, 한라산, 두륜산 등에 분포하며, 일본, 중국, 북아메리카 등에도 분포하고 있다.
- 갓의 크기는 소형 또는 중형으로 가운데는 오목하고 얕은 깔때기 모양이며, 가장자리는 안쪽으로 말린다. 표면은 백색으로 벨벳 모양의 미세한 털이 덮여 있고 나중에 황갈색 또는 갈색의 얼룩이 생기며 살은 단단하다. 젖은 백색에서 연한 크림색이 되는데 맛이 무척 맵다. 주름살도 백색이며 자루에 끝붙은주름살로 자루의 길이는 짧고 굵으며 백색의 벨벳 모양이고, 자루의 속은

털젖버섯아재비

차 있으며 가운데가 해면상이다. 포자의 크기는 중형으로 타원형 또는 거의 넓은 구형이고 미세한 사마귀점과 그물눈이 있으며, 포자문은 백색이다.
- 유사종인 새털젖버섯은 주름살이 성기고 포자가 약간 크기 때문에 구별된다. 젖버섯류는 상처를 받으면 젖이 나오기 때문에 무당버섯과 구분된다. 그러나 건조한 시기에 발생하거나 오래된 경우는 젖이 안 나오므로 둘을 구분하기가 어렵다. 더욱이 젖버섯류와 무당버섯류는 포자의 그물눈도 비슷하다.

가죽색젖버섯 Lactarius pterosporus 무당버섯과   준맹독
- 독성분은 불분명하며 위장계통의 중독을 일으킨다.
- 여름부터 가을에 걸쳐 활엽수림에 군생하는데 간혹 단생하기도 한다. 설악산, 민주지산, 만덕산, 변산반도 등에 분포하고, 북한에서는 오가산, 묘향산, 대성산 등에 분포하고 있다.
- 갓의 크기는 소형 또는 중형으로 가운데가 오목한 편평형이나 깔때기 모양도 있다. 표면은 회황갈색 또는 회갈색으로 습기가 있을 때 약간 점액이

가죽색젖버섯

있지만 대체로 건조한 상태이고, 미세한 가루 같은 것이 있으며 방사상 주름이 있다. 살은 백색인데 상처를 받아서 공기에 닿으면 핑크색으로 변하고 맛은 맵다. 젖은 처음에 분비되면 백색이지만 차차 붉어졌다가 완전히 마르면 없어진다. 주름살은 자루에 내린주름살로 간격이 약간 좁아서 밀생하고 계피색을 띤다. 자루 길이는 짧은 것과 긴 것 등이 있으며 연한 살구색 또는 연한 회갈색이고 속이 약간 해면상이다. 포자의 크기는 중형으로 구형이며, 표면에는 사마귀 같은 반점과 날개 모양의 융기가 있다.
● 북한에서는 '재빛매운젖버섯'으로 부르며, $L.\ acris$라는 학명을 사용하기도 한다.

푸른유액젖버섯 Lactarius glaucescens 무당버섯과 준맹독

● 독성분은 불분명하며 구토 등 위장계통의 중독을 일으킨다.
● 여름에서 가을에 활엽수림의 땅에 군생하는데, 식물과 균근을 형성하여 공생한다. 우리나라 지리산과 일본, 유럽, 북아메리카의 북반구 일대에 분포하고 있다.
● 갓의 크기는 중대형으로 둥근 산 모양을 거쳐 깔때기 모양이 되며, 표면

푸른유액젖버섯

은 백색으로 매끄럽고 대개 갈라져 있다. 주름살은 자루에 내린주름살로 황백색이며 간격이 좁아서 밀생한다. 살은 유백색인데 상처를 입으면 청록색으로 변하고, 단단하고 매운맛이 있으나 냄새는 없다. 짧고 굵은 편인 자루는 백색이며 속이 차 있고, 청록색 반점과 작은 인편이 있다. 젖은 백색이지만 마르면 청록색으로 변한다. 포자 또한 백색인데 크기는 중형이고 아구형이며 가늘고 불완전한 그물눈이 있다.

● 젖버섯은 상처를 입으면 백색의 젖이 녹회색이 되기 때문에 구분된다.

보랏빛주름젖버섯 *Lactarius repraesentaneus* 무당버섯과 준맹독

보랏빛주름젖버섯

● 독성분은 불분명하며 구토, 설사 등의 위장계통 중독을 일으킨다.

● 여름에서 가을 사이에 침엽수림의 땅에 군생한다. 우리나라 지리산과 북아메리카 등지에 자생한다.

● 갓의 크기는 중대형으로 원추형 또는 오목형에서 차차 편평하게 되며 꽃병 모양이 된다. 표면은 황색 또는 으렌지색이며 털로 덮여 있고, 습기가 있을 때는 점액이 있으며 상처를 입은 곳은 자주색으로 변한다. 가장자리는 아래로 말리고 털이 있다. 상처를 받으면 대량으로 젖이 나오는데 백색에서 크림색을 거쳐 자주색이 되며 쓴맛이 있다. 주름살은 자루에 내린주름살로 간격이 좁아서

밀생하며, 크림색 또는 황토색에 오렌지색의 반점이 생기고 상처를 받으면 자색으로 변한다. 백색, 황색, 오렌지색 등 다양한 자루는 긴 편으로 굵고 곤봉형이며 표면에는 점액이 있고 곰보 자국이 있다. 포자의 크기는 중대형으로 광타원형이고 사마귀점 같은 점이 있으며 아밀로이드 반응을 나타낸다.

끈적붉은젖버섯 *Lactarius hysginus* 무당버섯과 준맹독

● 독성분은 불분명하며 위장계통의 중독을 일으킨다.

● 여름에서 가을에 걸쳐 숲속의 흙에 군생한다. 우리나라 방태산과 일본, 유럽, 북반구 온대 이북, 아한대 및 아고산대 등에 분포하고 있다.

끈적붉은젖버섯

● 갓의 크기는 소형 또는 중형으로 둥근형에서 차차 편평해지는데 가운데가 볼록하고 짙은 적갈색이다. 습기가 있을 때는 끈적거리며 가장자리에 물방울이 매달리고 적갈색에서 암적갈색을 나타낸다. 희미한 고리모양이 있지만 곧 없어지며 살은 백색에서 황색이 된다. 젖은 백색이며 변색하지 않고, 맛은 신맛이 난다. 주름살은 자루에 바른주름살 또는 내린주름살로 백황색에서 황토색이 되며 간격이 좁아서 밀생하고 분지되는 것도 있다. 짧고 굵은 자루는 연한 적갈색으로 아래쪽이 가늘며 표면에 곰보 자국이 있는데, 습기가 있을 때 점액이 있고 속은 차 있다가 차차 비게 된다. 포자의

크기는 대형으로 구형이며 침상 모양의 불완전한 그물 모양이 있다. 아밀로이드 반응을 나타낸다.

독젖버섯 *Lactarius necator* 무당버섯과 준맹독

- 독성분은 불분명하며 날것으로 먹으면 위장계통의 중독을 일으킨다.
- 여름에서 가을 사이에 숲속의 땅에 단생 또는 군생한다. 우리나라 지리산과 일본, 유럽, 북아메리카, 호주, 소아시아 등에 분포하고 있다.

독젖버섯

- 갓의 크기는 중대형으로 갓의 가운데가 들어간 둥근 산 모양에서 얕은 깔때기형이 된다. 표면은 올리브갈색을 띠는데 가운데가 짙고, 건조하면 흑색이 되며, 표면은 습기가 있을 때 약간 점액이 있다. 갓의 가장자리는 아래로 말리는 때가 많으며 짧고 연한 털이 있다. 주름살은 자루에 내린주름살이고 간격이 좁아서 밀생하며, 약간 녹색을 띤 크림갈색으로 상처를 받거나 오래되면 다갈색의 얼룩이 된다. 자루의 길이는 짧은 것과 비교적 긴 것 등이 있으며 굵은 편이다. 자루 표면에는 짙은 색의 곰보 자국이 있으며 약간 점액이 있다. 젖은 백색으로 변색하지 않으며 맛은 매우 맵다. 포자는 중형의 크기로 구형 또는 아구형이고 표면에 가시가 있으며, 포자문은 연한 크림색이다.
- 익혀 먹거나 소금에 절였다 먹는 수도 있으나 대단히 매운맛이다.

흠집남빛젖버섯 *Lactarius scrobiculatus* 무당버섯과 준맹독

● 독성분은 불분명하며 위장계통의 중독을 일으킨다.

● 소나무, 참나무, 풀의 흙에 군생 또는 산생한다. 우리나라 무등산과 북한의 오가산 등에 분포하고 있다.

● 갓의 크기는 중형으로 볼록한 형에서 얕은 깔때기형이 되고 황갈색 표면에 갈색의 인편이 동심원상의 고리모양으로 분포되어 있다. 습기가 있을 때는 점액이 있으며 가장자리는 안으로 말린 짧은 솜털의 섬유상이며 오래되어도 탈락하지 않는다. 살은 황백색으로 얇고 부서지기 쉽다. 주름살 폭은 1~1.5밀리미터로 황색 또는 황적색에서 구리색 같은 황색이 되며 맛은 매우 맵다. 상처를 받으면 다량으로 젖이 분비되는데 백색에서 황갈색이 되었다가 공기에 접촉하면 분홍 담색이 된다. 주름살은

흠집남빛젖버섯

자루에 올린주름살로 간격이 좁아서 밀생하며 상처를 받으면 황색에서 암갈색이 된다. 자루는 짧고 굵은 원통형으로 갓과 같은 색이고 빛나는 황토색의 곰보자국 같은 반점과 황갈색 또는 백색 분말이 있으며 백색의 균사가 붙어 있다. 자루의 밑은 가늘며 속이 차 있다가 비게 된다. 중소형의 크기이며 타원형인 포자는 백색에서 크림황색이 되며 침이 있고, 아밀로이드 반응을 나타낸다.

● 맵기 때문에 물에 담갔다가 먹기도 하지만 독성분이 검출되었으므로 먹

어서는 안 된다. 흠집남빛젖버섯의 특징은 자루에 있는 곰보 같은 큰 반점과 매운맛으로, 북한에서는 '노란매운젖버섯'이라고 한다.

큰붉은젖버섯 *Lactarius torminosus* 무당버섯과 준맹독

- 독성분은 불분명하며 먹은 지 30분부터 3시간 정도 지나서 복통, 심한 설사 등 콜레라 같은 위장계통의 중독을 일으킨다. 심한 경우는 탈수, 경련, 쇼크 등을 가져온다.
- 가을에 활엽수림의 땅에 군생하며, 우리나라의 광릉, 방태산 등과 북한의 오가산, 묘향산, 대성산, 원산, 금강산 등에 분포하고 있다.
- 갓의 크기는 소형에서 대형에 이르기까지 다양하며 둥근 산 모양을 거쳐 깔때기 모양이 된다. 표면은 황적갈색 또는 오렌지 황갈색 등으로 진한 색의 동심원상 무늬가 있고 섬유로 덮여 있으며 드문드문 긴 털이 있다. 많은 솜털 모양의 연한 털이 있는 가장자리는 안쪽으로 말리고, 주름살은 자루에 내린주름살로 연한 홍색이며 간격이 좁아서 밀생한다. 자루의 길이는

큰붉은젖버섯

짧고 약간 굵은 편이며 갓과 같은 색이거나 연한 색인데 표면은 매끄럽고 속은 비어 있다. 젖은 백색으로 매우 맵고 변색하지 않으며, 포자의 크기는 중형으로 광타원형이고 표면에 뚜렷한 그물눈이 있다.

● 유사종인 흠집남빛젖버섯의 갓은 황토색이고 인편이 있으며 자루에 곰보자국이 있고 백색이던 유액이 쉽게 황색으로 변한다. 또한 강한 매운맛이 있고 침엽수림에 발생하는 것 등으로 구분이 된다. 북한에서는 '털매운젖버섯' 이라고 한다.

물젖버섯 *Lactarius uvidus*   무당버섯과   준맹독

● 독성분은 불분명하며 위장계통의 중독을 일으킨다.
● 여름에서 가을에 걸쳐 침엽수나 낙엽수림 특히 자작나무 숲에서 군생한다. 우리나라 지리산과 일본, 유럽, 북아메리카 등에 분포하고 있다.
● 갓은 중소형으로 둥근 산 모양에서 차차 편평하게 된다. 색깔은 회갈색이고 습기가 있을 때 심한 점액이 있다. 주름살은 자루에 내린주름살로 간

물젖버섯

격이 좁아서 밀생하며 백색이다. 젖은 처음에 백색이었다가 상처를 받으면 연한 자색으로 변하며, 시간이 지나면 매운맛이 있다. 자루의 길이는 짧거나 비교적 길며 위아래 굵기가 같고 백색인데 자루의 밑은 나중에 황색이 된다. 습기가 있을 때 점액이 있고 일반적으로는 표면에 털이 없으나 때로 털이 있는 것도 있다. 자루의 속은 차 있다가 비게 된다. 포자는 중형이며 아구형 또는 타원형이고 표면에 가시가 있으며, 포자문은 연한 황색이다.
- 유사종인 잿빛젖버섯은 갓에 분명한 고리모양이 있어서 구별된다.

땀으로 위협하는 버섯

끈적버섯과의 땀버섯들은 먹으면 땀이 나기 때문에 붙은 이름인데, 땀의 주성분은 무스카린이다. 땀버섯은 광대버섯보다 더 많은 무스카린을 가지고 있어서 무스카린에 의한 중독이 더 심하게 나타난다. 이 버섯들은 고깔모양이고 소형이어서 숲속에서도 쉽게 구분이 되는데, 땀버섯의 대부분이 독성분을 가지고 있으므로 절대로 먹어서는 안 된다.

솔땀버섯 Inocybe fastigiata 끈적버섯과 준맹독

- 무스카린을 함유하고 있어서 과다한 땀 분비, 호흡곤란 등의 중독을 일으킨다. 먹은 지 30분부터 4시간 안에 땀, 눈물, 혈류의 지연, 동공축소, 맥박 느림, 구토, 설사, 시각장애, 기관지 천식 등의 증상이 나타나고 심한 경우는 사망하기도 한다.
- 여름부터 가을까지 활엽수림의 땅에 군생한다. 지리산, 가야산, 소백산, 오대산, 한라산 등 전국에 분포하는 비교적 흔한 종이다.
- 갓의 크기는 소형이며 원형으로 가장자리는 위로 뒤집히고 가운데는 항상 돌출한다. 황토색 또는 황토갈색 표면은 방사상으로 쪼개지고 살은 백

색의 섬유질이다. 주름살은 황백색에서 올리브 갈색이 된다. 자루의 길이는 보통이고 아래쪽이 굵은데 백색 또는 황색이고 속이 차 있다. 포자의 크기는 중대형으로 타원형 또는 콩 모양이고 표면은 매끄럽다.

솔땀버섯

단발머리땀버섯 *Inocybe cookei* 끈적버섯과 준맹독

● 무스카린 성분으로 인해 먹은 지 30분부터 4시간 안에 땀, 눈물, 혈류의 지연, 동공축소, 맥박 느림, 구토, 설사, 시각장애, 기관지 천식 등의 증상이 나타난다. 심한 경우는 사망에 이른다.

● 여름에서 가을에 걸쳐 주로 침엽수림의 땅에 단생 또는 군생한다. 우리나라에서는 전국적으로, 그리고 일본 등 북반구 일대어 분포하고 있다.

● 갓은 소형으로 원추형에서 거의 편평하게 펴지나 가운데는 돌출한다. 표면은 황토색 또는 갈황토색을 띠며 가장자리에 섬유상의 방사상 균열이 생겨서 바탕색이 나타난다. 살은 얇으며 백색 또는 황백색이고

단발머리땀버섯

약한 냄새가 있다. 주름살은 자루에 올린주름살 또는 거의 끝붙은주름살로 회갈색이고, 약간 밀생하거나 성기다. 가장자리는 백색이고 가루 같은 것이 있다. 자루의 길이는 짧거나 약간 굵으며, 자루의 표면은 섬유상으로 연한 황토색이고 밑은 둥글게 부풀어 있으며 속은 차 있다. 포자는 중형으로 타원형이고 표면은 매끈하다.

삿갓땀버섯 *Inocybe asterospora* 끈적버섯과 일반독

- 독성분이 무스카린이어서 발한, 혈액 느림, 동공 축소, 맥박 느림 등의 증상이 나타난다.
- 여름에서 가을 사이에 숲속, 정원의 땅에 군생하며 지리산 등에서 흔히 발견된다.
- 갓은 중소형으로 종이나 둥근 산 모양에서 편평하게 되고 오목해지는데 가운데는 돌출한다. 방사상으로 갈라지며 마르면 암갈색의 섬유가 있고 미세한 인편으로 덮여 있다. 주름살은 올린 또는 끝붙은주름살로 연한 갈색이고 밀생한다. 자루는 짧고 가늘며 갓과 같은 색으로, 자루의 밑은 둥근 공 모양이고 백색 또는 연한 황토색이며 속은 차 있다. 포자는 중대형이고 연한 회갈색의 다각형 모양 타원형으로 사마귀점 같은 것이 있다.

삿갓땀버섯

애기흰땀버섯 *Inocybe geophylla* 끈적버섯과 일반독

- 독성분이 무스카린이어서 땀, 혈류 지연, 동공 축소, 맥박 느림 등의 증상이 나타난다.
- 여름부터 가을에 걸쳐 침엽수 및 활엽수림의 땅에 군생하며 지리산 등에 분포하는 드문 종이다.
- 갓은 전체가 백색으로 때로는 자색을 띠며 비단 모양 광택이 난다. 크기는 소형으로 원추형에서 편평해지며 가운데가 올라간다. 주름살은 올린 또는 끝붙은주름살로 황토색 또는 진흙색이고 밀생한다. 자루의 길이는 짧고 밑이 부풀어 있으며 어릴

애기흰땀버섯

때는 거미줄 막 같은 것이 있지만 곧 없어지고 속은 차 있다. 포자는 중형으로 타원형이다.

보라땀버섯 *Inocybe geophylla var. lilacina* 끈적버섯과 준맹독

- 독성분은 무스카린류이며 땀, 혈류 지연, 동공 축소, 맥박 느림 등의 증상이 나타난다.
- 가을 숲속의 땅에 군생하며 지리산 등지에 분포하고 있다.
- 갓은 소형으로 원추형이나 종 모양에서 차차 둥근 산 모양이 되지만 가운데는 돌출한다. 표면에 방사상의 줄무늬가 있고 가장자리는 위로 약간 말린다. 오렌지색 표면의 가운데는 연한 보라색이고 비단 같은 광택이 있

보라땀버섯

으며 살은 부드럽다. 주름살은 자루에 바른주름살이고 회색이었다가 회갈색이 되며, 간격은 좁거나 약간 넓어서 밀생 또는 약간 성기며 가장자리에는 백색의 털이 있다. 자루의 길이는 짧고 위아래가 같은 굵기이며, 갓과 같은 연한 색이고 섬유상이며 자루의 속은 차 있다. 포자의 크기는 중형으로 타원형 또는 난형이고 표면은 매끈하고 갈색이다.
- 유사종인 애기흰땀버섯은 전체가 백색이며 조금 크고 포자가 혹 모양의 돌기를 가졌다. 이 버섯들은 같은 지역에 발생하기 때문에 종 구분에 주의하여야 한다.

비듬땀버섯 *Inocybe lacera*　끈적버섯과　일반독

- 독성분은 무스카린류이고 땀, 혈류 지연 등의 증상과 설사 등의 위장장애가 있다.
- 여름에서 가을 사이에 모래밭, 소나무숲의 땅에 군생한다. 만덕산, 가야산, 소백산, 방태산 등에 분포하는 비교적 흔한 종이다.
- 갓은 소형으로 둥근 산 모양에서 가운데가 높은 편평형이 된다. 표면은

섬유상이고 작은 인편으로 덮여 있으며 암갈색이다. 주름살은 바른주름살로 성기고 백색에서 황토색 또는 회갈색이 되며, 가장자리는 백색 또는 연한 갈색을 띤다. 자루는 짧고 굵으며 섬유상이고 갓과 같은 색으로 자루의 밑이 약간 부풀어

비듬땀버섯

있다. 포자는 대형이고 원추상의 방추형이다.

땀버섯 *Inocybe kobayasii* Hongo   끈적버섯과   일반독

● 독성분은 무스카린으로 먹은 지 20분에서 2시간 후에 땀을 많이 흘리게 되지만 얼마 안 있어 곧 멈춘다.

● 여름에서 가을 사이에 침엽수림 또는 활엽수림의 땅에 단생 또는 군생한다. 지리산 등에 분포하는 비교적 흔한 종이다.

● 갓은 소형으로 원추상의 종 모양에서 가운데가 볼록한 편평형이 된다. 연한 황토색에서 점점 짙어져 가운데는 갈색을 띠며 점액은 없고 인편이 있다. 주름살은 홈파진 또는 끝붙은 주름살이고 밀생하며

땀버섯

황토색이 섞인 계피색을 띤다. 자루는 짧고 위쪽은 백색, 아래는 연한 황토색이며 섬유상으로 거칠고 속은 차 있다. 포자의 크기는 난상의 타원형으로 중형이다.

털땀버섯 *Inocybe maculata* 끈적버섯과 준맹독

- 무스카린 독성분이 있어서 땀, 혈류 지연, 동공 축소, 맥박 느림 등의 증상이 나타난다.
- 여름부터 가을에 주로 활엽수림의 땅에 군생한다. 우리나라 영주에 자생하며 일본, 유라시아의 온대지역에 분포하고 있다.
- 갓은 소형 또는 중형으로 원추형에서 둥근 산 모양이 되었다가 나중에 거의 편평하게 되지만 가운데는 돌출한다. 표면은 암적갈색의 섬유상으로 가운데에 백색 외피막이 반점 모양으로 붙어 있고 나중에 표피는 방사상으로 갈라진다. 살은 백색이나 연한 갈색을 띤다. 주름살은 자루에 올린주름살로 점토 갈색이며 가장자리에 백색의 가루가 있고, 주름살의 폭은 3~5밀리미터로 간격이 약간 좁아서 밀생한다. 자루의 길이는 짧거나 굵으며 위아래가 같은 굵기이지만 아래쪽으로 약간 굵다. 표면은 거의 백색이고 아래쪽으로 갈색이며 때로는 거칠고 자루의 속은 차 있다. 포자의 크기는 중대형으로 광타원형이고 표면은 매끈하다.
- 건조하여 마르면 전

털땀버섯

체가 적갈색을 나타내는 때도 있다.

흰땀버섯 *Inocybe umbratica* 끈적버섯과 준맹독

- 독성분은 명확하지 않으나 먹으면 신경계통의 중독을 일으킨다.
- 여름에서 가을 사이에 침엽수림의 땅에 군생한다. 지리산과 일본, 북반구 온대 이북지역에 분포하고 있다.
- 갓의 크기는 소형이며 갓과 자루가 모두 백색으로 비단 같은 광택이 난다. 원추형이었다가 차차 펴지면서 편평해지고 가운데는 돌출한다. 주름살은 자루에 올린주름살 또는 끝붙은주름살이며, 포자가 익으면 회갈색이 되고 간격은 좁아서 밀생한다. 자루의 길이는 짧고 위아래가 같은 굵기이며 자루의 밑이 둥글게 부풀어 있고 자루의 속은 차 있다. 포자의 크기는 중형으로 각진 형이고 표면에는 혹 모양의 돌기가 있다.
- 유사종인 애기흰땀버섯은 약간 크기가 크며 자루의 밑이 둥글게 부풀고, 섬유상의 피막이 없는 점에서 구별이 된다.

흰땀버섯

송이라는 이름의 덫에 걸린 독버섯

송이버섯하면 우리는 그 맛과 향기를 떠올린다. 송이버섯은 다른 버섯보다

향과 영양가가 뛰어나 옛부터 귀한 음식으로 손꼽힌다. 하지만 송이라는 이름 때문에 무조건 먹는 버섯으로 생각하면 큰 오산이다. 사실 송이버섯과에는 광대버섯과 다음으로 독버섯이 많다. 광대버섯과처럼 맹독 버섯은 아니지만 잡다한 독성분을 가진 종류가 있기 때문에 날것으로 먹거나 많이 먹어서는 안 된다.

요즘 비싼 값에 팔리고 있는 새송이버섯을 인공 재배한 송이버섯으로 착각하는 경우도 있는데, 이것은 송이버섯과는 전혀 다른 것이다. 새송이버섯은 느타리버섯을 품종 개량해 붙인 이름으로 학문적으로는 큰느타리버섯이라고 한다.

독송이 *Tricholoma muscarium* 송이버섯과 일반독

● 독성분은 이보텐산, 트리콜롬산이고 먹은 지 30분에서 3시간 사이에 중추신경계의 정신긴장 또는 정신억제, 착란, 환각, 떨림, 경련 등을 일으킨다. 대부분은 10~15시간 이내에 혼수상태가 되었다가 회복하며, 전혀 자각증상이 없는 때가 많다.

독송이

- 가을에 활엽수림의 흙에 단생 또는 군생하며 속리산, 민주지산 등에 자생한다.
- 갓은 중소형으로 원추형에서 편평하게 되나 가운데는 항상 돌출한다. 표면에 점액은 없고 연한 황색 바탕에 올리브 갈색의 방사상 섬유 무늬가 덮여 있다. 전체가 올리브 갈색인 것도 있으며, 살은 백색이고 독특한 쓴맛과 감미로운 맛도 있다. 주름살은 올린 또는 홈파진주름살로 백색 또는 황색이고 성기다. 자루는 비교적 길고 위아래 굵기가 같으며 백색 또는 연한 황색의 섬유상이고 속은 차 있다. 포자의 크기는 중형이고 타원형이다.
- 살충 성분인 트리콜롬산이 들어 있어서 파리를 잡는 데 사용하며, 사람에게 독성분이 중독을 일으키는 동시에 맛을 좋게 하는 성분도 있다.

담갈색송이 *Tricholoma ustale* ·송이버섯과 일반독

- 독성분은 우스탈산으로 소화불량, 구토, 설사, 복통 등 위장계통의 중독을 일으키며 가끔 신경계통의 두통을 일으키기도 한다. 청산가리 성분이 있지만 아주 소량이어서 사람에게 해를 줄 정도는 아니다.
- 가을에 활엽수와 소나무숲의 혼효림에 단생 또는 군생한다. 무등산, 어

담갈색송이

래산, 지리산, 광릉 등 전국에 분포하며 비교적 드문 종이다.
● 갓은 중소형으로 원추형에서 가운데가 볼록한 편평형이 되었다가 가운데가 오목해진다. 표면은 습기가 있으면 점액이 있어서 매끄러우며 붉은 빛을 띤 갈색 또는 갈색이고, 가장자리는 처음에는 안쪽으로 말린다. 살은 두껍고 백색이며 상처를 받으면 갈색으로 변한다. 주름살은 자루에 홈파진 주름살로 백색이고 붉은색을 띤 갈색의 얼룩이 있으며 밀생한다. 자루는 비교적 짧은데 위쪽은 백색이고 아래는 엷은 적갈색이며 속은 차 있거나 또는 비어 있다. 포자는 중형이고 난형이다.

유황송이 *Tricholoma sulphureum* 송이버섯과 일반독
● 독성분은 무스카린류이고 솔땀버섯과 비슷한 중독증상이 나타난다.
● 가을에 활엽수림의 흙에 군생하며 어래산, 지리산 등에 분포하는 비교적 흔한 종이다.
● 갓은 중소형으로 둥근 산 모양에서 가운데가 볼록한 편평형이 된다. 표면은 점액이 있어서 매끄럽고 부드러우며 유황색이나 가운데는 갈색이다.

유황송이

금빛송이

살은 연한 유황색으로 콜타르 같은 불쾌한 유황 냄새가 나고, 주름살은 올린주름살로 유황색이며 두껍고 성기다. 자루는 비교적 길고 위아래가 같은 굵기이며 황색이다. 섬유상의 유황색 세로줄 무늬가 있고 속은 비어 있다. 포자의 크기는 중형으로 아몬드형이고 표면은 매끄럽거나 조금 거칠게 보인다.
- 유사종인 금빛송이(*T. flavovirens*)는 불쾌한 냄새가 없어서 쉽게 구분된다. 유럽에는 갓이 붉은색을 띤 갈색인 것도 있다.

뽕나무버섯부치 *Armillariella tabescens* 광대버섯과 일반독

- 독성분은 모르지만 소화가 잘 되지 않기 때문에 많이 먹으면 위장계통의 중독을 일으킨다.
- 여름에서 가을 사이에 활엽수의 그루터기나 죽은 나무줄기, 살아 있는 나무의 밑둥치 또는 껍질에 속생한다. 한라산, 변산반도국립공원, 만덕산, 두륜산, 무등산 등 전국에 분포하는 비교적 흔한 종이다.
- 갓은 중형으로 황금색이거나 연한 갈색이고 둥근 산 모양에서 편평해지며 가운데에 어두운 색의 인편이 밀집되어 있고, 가장자리에는 방사상의 줄무늬선이 나타난다. 주름살은 바른 또는 내린주름살로 백색이며 연한 갈

뽕나무버섯부치

색의 얼룩이 생기고 밀생한다. 자루는 비교적 길고 위아래 굵기가 같으며 갓과 거의 같은 빛깔이지만 자루의 밑은 검은색이다. 포자의 크기는 중형이고 넓은 타원형이다.

● 뽕나무버섯부치는 천마와 공생하는데 이를 이용하여 천마를 인공 재배하기도 한다. 한약 재료로 이용되고 맛과 향이 좋아서 식용하기도 하지만 소화불량을 일으키므로 충분히 익혀 먹어야 하고 많이 먹으면 안 된다. 뽕나무버섯과 유사하지만 턱받이가 없는 것으로 구별한다.

흰갈색송이 *Tricholoma albobrunneum* 송이과 일반독

● 독성분은 불분명하며 먹은 지 20분에서 2시간 후에 증상이 나타난다.
● 가을에 소나무숲의 땅에 군생한다. 우리나라 어래산과 일본, 중국, 유럽, 호주 등에 분포하고 있다.
● 갓은 소형 또는 중형이며 둥근 산 모양에서 가운데가 높은 편평형이 된다. 표면은 갈색으로 습기가 있을 때 점액이 있어 매끄럽고 섬유상의 줄무늬가 있다. 살은 백색이며 단단하고, 가장자리는 아래로 말린다. 주름살은 백색인데 갈색의 얼룩 반점이 생기고 자루에 홈파진주름살로 간격이 약간

흰갈색송이

좁아서 밀생한다. 자루의 길이는 긴 편이며 위아래 굵기가 같은데, 상부는 백색이고 하부는 갈색이며 자루의 속은 차 있다. 포자는 타원형이고 중소형이며 포자문은 백색이다.

흰송이 *Tricholoma japonicum* 송이과 일반독

- 미량의 청산가리 독성분으로 위장계의 중독을 일으킨다.
- 가을에 적송림의 땅에 군생하며 균륜을 만든다. 우리나라 지리산과 북한의 신천, 금강산, 경기도 일부에 분포하고 있다.
- 갓의 크기는 중형으로 반구형에서 둥근 산 모양을 거쳐 편평하게 된다. 표면은 매끄럽고 습기가 있을 때는 점액이 있으며, 백색이었다가 가운데는 갈색 또는 탁한 누런색을 띤다. 가장자리는 처음에 아래로 말리며, 살은 백색으로 두껍고 치밀하며 쓴맛이 있다. 주름살은 자루에 홈파진주름살로 간격이 좁아서 밀생하고, 백색에 탁한 갈색의 얼룩이 생긴다. 자루의 길이는 짧거나 짧은 편이며 갈색이고, 표면은 섬유상으로 상부에는 가루 같은 것이 있고 하부는 부풀어 있으며 자루의 속은 차 있다. 포자의 크기는 중소형

흰송이

으로 타원형 또는 광타원형이다.
- 북한에서는 '흰무리버섯' 이라고 한다.

흑비늘송이 Tricholoma virgatum 송이과 일반독

- 독성분은 불명확하지만 먹은 지 30분부터 3시간쯤 지나서 구토, 복통, 설사 등 위장 장애를 일으킨다. 심한 경우는 경련, 탈수, 쇼크 등을 일으키기도 한다.
- 가을에 소나무숲 등의 침엽수림, 때로는 참나무숲의 땅에 군생한다. 광릉에 자생하고 있다.
- 갓은 소형 또는 중형으로 회색의 바탕에 짙은 회색의 방사상 섬유무늬가 있다. 갓은 처음에 아래로 말리고 가운데는 돌출하며, 성숙하면 거의 흑색이고 갓은 펴지지만 가운데는 돌출한 그대로다. 주름살은 백색에서 회색이 되며 자루에 더하여 홈파진주름살이다. 갓의 살은 회색이지만 자루의 살은 백색이며 쓰고 매운맛이 있다. 자루는 위아래가 같은 굵기이고 간혹 아래쪽으로 굵은 것도 있다. 자루의 표면은 백색이고 백색 또는 회색의 섬유 모양이 있으며, 포자는 광타원형이고 크기는 중형이다.

흑비늘송이

할미송이 *Tricholoma saponaceum* 송이과 일반독

- 사포나세오라이드류(saponaceolide: 세포독)의 독성분이 구토, 설사 등 위장계통의 중독을 일으킨다.
- 가을에 혼효림의 흙에 단생 또는 군생한다. 우리나라 지리산과 북반구 온대 이북지역에 분포하고 있다.
- 갓의 크기는 소형이나 중형으로 반구형에서 가운데가 높은 편평형이 된다. 표면의 색은 올리브 녹색, 갈색, 회백색 등 다양한데 가운데는 그을음 같은 인편이 빽빽하다. 살은 백색으로 상처를 입으면 흥갈색이 되며, 독특한 돌냄새가 나는데 맛은 대단히 쓰다. 주름살은 백색에 적색의 얼룩이 생기고 자루에 홈파진주름살로 간격이 넓어서 성기다. 자루의 길이는 짧거나 긴 편이며 하부는 부풀어 있거나 가늘고 백색 또는 올리브색이다. 표면은 매끄러우며 회색의 인편이 덮여 있고 자루의 속은 차 있다. 포자의 크기는 중형이고 타원형이다.
- 유럽에는 흑록색인 것도 있고 자루에 어두운 색의 인편이 있는 것도 있다. 이처럼 할미송이는 발생, 갓의 인편 상태, 살의 쓴맛 등에 다양한 종류가 있으므로 먹어서는 안 된다.

할미송이

주름살이 마술을 부리는 독버섯

생태계에서 살아남기 위해 생물들은 여러 가지 방법을 동원하고 있다. 특히 버섯은 생식세포인 포자를 형성하는 과정에서 다양한 변화를 보인다. 즉 처음에는 흰색이었다가 성숙하는 과정에서 본연의 색깔인 분홍색이 되기도 하고, 어떤 것은 중간 단계인 분홍색을 거쳐 검은색이 되기도 한다. 주름살이 흰색일 때와 분홍색, 검은색일 때의 버섯들을 각기 다른 종류로 판단하기 때문에 같은 종인데도 성숙 단계에 따라 각각 다른 종으로 분류되기도 한다.

주름살이 분홍색으로 변하는 독버섯들은 길고 연약한 자루를 가지고 있어서 외대버섯이라고 부른다. 가냘픈 모습으로 홀로 숲속에 나온 것을 보면 측은한 생각이 들 정도다. 외대버섯들의 특징은 주름살이 처음에는 흰색이지만 시간이 지나면 점차 분홍색으로 변하며 자루가 쉽게 부러진다는 점이다. 또한 다른 버섯들의 포자가 대부분 타원형인 데 비해 외대버섯은 다각형의 포자를 가지고 있다.

주름살이 마술을 부리는 주름버섯과에 속하는 버섯들은 거의 식용버섯이지만 가벼운 위장계통의 중독을 일으키는 종류도 있다. 그 가운데 가장 대표적인 것이 바로 양송이버섯이다. 이 버섯들의 주름살은 처음의 흰색에서 분홍색으로 변했다가 다시 검은색으로 변한다. 색깔이 이렇게 변하는 것은 주름살의 포자가 흰색에서 분홍색을 거쳐 검은색으로 익어가기 때문인데 양송이의 주름살이 검은색인 것도 이 때문이다.

삿갓외대버섯 *Entoloma rhodopolium* 외대버섯과 준맹독

● 용혈성 단백질 등의 독성분으로 인해 복통, 구토, 설사 등 위장계통의 중독을 일으킨다. 또한 무스카린류가 있어서 신경계통 등의 중독증상도 나타

삿갓외대버섯

나며 심한 경우에는 사망한다.
● 여름에서 가을 사이에 활엽수림의 땅에 군생한다. 만덕산, 가야산 등에 분포하며 흔히 발견된다.
● 갓은 소형 또는 중형으로 종 모양에서 편평하게 되며 가운데가 볼록하게 된다. 표면은 회색 또는 황토색을 띠며 매끄럽고 습기가 있을 때 끈적거리며 광택이 있다. 주름살은 백색에서 살구색이며 바른주름살에서 홈파진주름살이 된다. 자루는 비교적 길고 백색이며 광택이 있고 속은 비어 있다. 포자는 중형이고 오각형이나 육각형의 다각형이다.
● 유사종인 외대버섯(*Rhodophyllus crassipes*)은 식용균이며 차이점이 없어서 포자 관찰 등을 해야 정확히 구별할 수가 있다.

외대버섯

흰꼭지외대버섯 *Entoloma murraii* f. *album* 외대버섯과 일반독

● 무스카린류의 독성분을 갖고 있어서 땀, 혈류 지연, 동공 축소 등의 증

흰꼭지외대버섯

상이 나타난다.
● 여름에서 가을 사이에 숲속의 땅에 단생 또는 군생한다. 발왕산, 다도해 해상국립공원(금오도), 방태산, 모악산, 만덕산 등 전국에 분포하는 흔한 종이다.
● 갓은 소형으로 원추상의 종모양이며 가운데에 연필심 같은 돌기가 있다. 습기가 있으면 가장자리에 줄무늬 선이 나타나며 황백색이다. 주름살은 바른 또는 올린주름살이고 성기며 백색이지만 포자가 성숙하면 엷은 핑크색이 된다. 자루의 길이는 짧고 가늘며 황백색이고 섬유상으로 비뚤어져 있으며 세로줄의 무늬가 있다. 자루의 밑에는 솜털 모양의 균사가 있고 속은 비어 있다. 포자의 크기는 대각선의 길이가 길고 사각형(육면체)이다.
● 유사종인 노란꼭지외대버섯(*Entoloma murraii*)은 전체가 황색이기 때문에 구분되는데, 청초하지만 애처로운 느낌을 주는 버섯이다.

방패외대버섯 *Entoloma clypeatum* 외대버섯과 일반독

● 독성분은 불분명하지만 구토, 설사 등 위장계통의 중독을 일으킨다.
● 봄(4~5월)의 숲속, 길가, 정원이나 과수원 등의 땅에 발생한다. 사과, 배, 복숭아, 매화, 산벚찌나무 아래에 군생하는데 식물에 균근을 만들고 균륜을 만들기도 한다. 우리나라 가야산과 북한의 대성산 등에 분포하고 있다.

● 갓은 중형으로 종 모양에서 둥근 산 모양을 거쳐 가운데가 높은 편평형이 된다. 표면은 매끄러운 회색인데 희미한 섬유상 무늬가 있고 마르면 때때로 가운데나 가장자리가 갈라져서 살이 노출된다. 가장자리는 어릴 때 아래로 말리며, 살은 처음에 어두운 색이고 밀가루 냄새가

방패외대버섯

난다. 주름살은 자루에 올린 또는 홈파진주름살이고 백색에서 살색이 되었다가 포자가 성숙하면 연한 붉은색이 되며 간격이 넓어서 성기다. 자루의 길이는 긴 편이고 아래가 조금 굵으며 회백색의 섬유상이고 속은 차 있다. 포자의 크기는 중형으로 오각형이나 육각형의 다각형이다.

● 북한에서는 '봄활촉버섯'이라고 하는데, 봄에 장미과 나무 밑에 발생하므로 쉽게 알 수 있다.

붉은꼭지외대버섯 *Entoloma quadratus* 외대버섯과 일반독

● 독성분은 불분명하지만 위장계통의 중독증상을 일으킨다.
● 여름에서 가을 사이에 숲속에 군생한다. 우리나라 발왕산, 방태산, 만덕산 등과 북한의 묘향산, 오가산, 평성 등에 분포하고 있다.
● 갓은 소형으로 원추형 또는 종 모양에서 얕은 원추형이 되고 가장자리는 때로 물결 모양으로 갈라진다. 표면의 가운데에 연필심 같은 돌기가 있고

붉은꼭지외대버섯

습기가 있을 때는 가장자리에 줄무늬선이 나타나며, 주황색 또는 오렌지 주홍색을 띤다. 주름살은 자루에 바른 또는 올린주름살로 조금 거칠며 갓과 같은 색이고, 간격이 넓어서 성기다. 자루의 길이는 긴 편이고 가늘며 갓과 같은 색으로 비틀어진 세로줄이 있다. 자루 밑에는 솜털 모양의 균사가 있고 자루의 속은 비어 있다. 포자의 크기는 대각선의 길이가 매우 길고 네모꼴(정육면체)이다.

● 맛과 향이 부드럽지만 먹지 않는 것이 좋은데, 전체가 붉은색이나 주홍색이어서 쉽게 알 수 있다.

숲주름버섯 *Agaricus silvaticus* 주름버섯과 준맹독

● 아마톡신류의 독성분을 소량 함유하고 있으며 알광대버섯의 중독증상과 비슷하다.
● 여름에서 가을 사이에 침엽수림의 낙엽층 땅에 군생한다. 한라산, 발왕산, 두륜산 등에 분포하는 매우 드문 종이다.
● 갓의 크기는 중소형으로 둥근 산 모양에서 편평해진다. 가운데는 갈색이며 가장자리에 청백색의 비늘이 방사상으로 분포한다. 연한 적갈색 얼룩이

숲주름버섯

있고 살은 백색인데 자르면 붉은색으로 변한다. 주름살은 백색에서 분홍색을 거쳐 흑갈색이 되며 끝붙은주름살이고 밀생한다. 자루는 약간 길고 위아래 굵기가 같으며 백색으로 하부는 굵은 비늘로 덮여 있고 속은 비어 있다. 턱받이는 줄무늬선이 있고 아래에는 솜털이 있다. 포자의 크기는 소형이고 자갈색의 타원형이며 표면은 매끄럽다.

광비늘주름버섯 *Agaricus praeclaresquamosus* 주름버섯과 일반독

- 독성분은 알려지지 않았지만 복통, 설사 등 위장계통의 중독을 일으킨다.
- 여름에서 가을에 걸쳐 혼효림의 땅에 군생한다. 두륜산, 방태산, 발왕산, 지리산, 만덕산 등에 분포하는 비교적 드문 종이다.
- 갓은 중형으로 둥근형에서 편평한 모양이 된다. 백색 바탕에 회갈색이나 흑갈색의 섬유상 인편이 빽빽하게 있어서 검은색

광비늘주름버섯

을 띠며 비단 같은 광택이 있다. 가장자리에는 표피가 너덜너덜 붙어 있다. 주름살은 끝붙은주름살이고 밀생하며 백색에서 적갈색이 되었다가 검은색으로 변한다. 자루는 길며 가는 원통형이고 백색 또는 황백색이며 비단 같은 광택이 있다. 자루의 밑은 둥글고 섬유상으로, 상처를 받으면 황갈색으로 변색되는 것도 있다. 턱받이는 백색으로 대단히 크며 주름살 전면을 덮고 있다가 하향의 턱받이가 되고 자루의 속은 비어 있다. 포자의 크기는 중형이고 타원형으로 끝이 뾰족하며 이중막이다. 비아밀로이드 반응을 나타내며 기름방울을 하나 또는 두 개 가지는 것도 있다.

진갈색주름버섯 *Agaricus subrutilescens* 주름버섯과 일반독

- 독성분은 불분명하지만 위통 등의 장애를 일으킨다.
- 여름에서 가을 사이 숲속에 단생 또는 군생한다. 지리산, 발왕산, 월출산, 두륜산, 가야산, 변산반도국립공원 등에 분포하고 있다.
- 갓은 중형 또는 대형으로 둥근 산 모양을 거쳐서 차차 편평하게 된다. 표면은 자갈색의 섬유로 덮여 있는데 갓이 펴지면 가장자리가 갈라지며 가느다란 인편이 생겨 연한 홍백색의 바탕이 나타나고 가운데는 암갈색이다. 살은 백색에서 자갈색이 된다. 주름살은 백색에서 붉은색을 거쳐 흑갈색이 되며 자루에 떨어진주름살로 폭과 간격이 좁아서 밀생한다. 자루는 매우 길며 가는데, 상부는 연홍색이

진갈색주름버섯

고 하부는 굵고 백색으로 백색의 솜털 인편이 있다. 턱받이는 가운데 또는 상부에 있으며 백색이고 하부에는 솜털 같은 인편이 있다. 포자의 크기는 중소형으로 암갈색의 타원형이다.

큰갓버섯 Macrolepiota procera 갓버섯과 일반독

● 독성분은 불분명하지만 날것으로 먹으면 소화기 계통에 약한 중독을 일으킨다. 또 두드러기, 천식, 설사, 쇼크 등의 알레르기를 일으키기도 한다.

● 여름에서 가을 사이에 숲속, 대나무밭, 풀밭의 땅에 단생한다. 우리나라 소백산, 한라산, 모악산, 발왕산 등 전국 각지와 북한의 오가산, 묘향산, 장진, 송진산, 대성산, 용성, 원산, 금강산 등에 분포하고 있다.

● 갓은 중형 또는 대형으로 난형에서 차차 편평하게 되며 가운데가 약간 볼록하다. 표피는 점액이 없고 갈색 또는 회갈색인데 터져서 인편이 되고, 바탕은 연한 갈색 또는 연한 회색의 해면질이며 가운데는 갈색의 커다란 인편이 있다. 가장자리에는 미세한 인편이 많이 분포하며 살은 백색의 솜 모양이다. 주름살은 자루에 떨어진주름살이고 백색이며 간격이 좁아서 밀생한다. 살이나 주름살은 상처를 받으면 적갈색으로 변한다. 자루는 매우 길고 굵은 편이며 표면은 탁한 백색이

큰갓버섯

갈색으로 변색하고, 표면은 인편이 있어서 얼룩 모양이다. 자루의 밑은 부풀어 있고 속은 비어 있다. 턱받이는 반지모양으로 두꺼운데 윗면은 백색이고 아랫면은 회백색이며 위아래로 움직일 수 있다. 포자의 크기는 대형으로 난원형이고, 거짓아밀로이드 반응을 나타낸다.

● 자루 턱받이가 위아래로 이동한다는 특징이 있다. 북한에서는 '큰우산버섯'이라고 하는데, 유사종인 큰갓버섯아재비는 큰갓버섯에 비해 자루가 짧고 굵으며 살이 붉은색으로 변한다.

7. 여러 형태로 천적과 싸우는 버섯

갓을 쓰고 나타나는 독버섯

갓버섯과의 버섯들은 주름살이 흰색이며 변색하지 않는다. 균모가 갓 모양을 하고 있으며 인편이 분포하고 턱받이가 있는데 위아래로 움직이는 것이 특징이다. 대부분 식용할 수 있지만 가벼운 중독증상을 나타내는 것도 있다.
 지구온난화의 영향으로 동식물의 서식지에 변화가 생기기도 하는데 버섯도 예외가 아니다. 물론 버섯은 다른 식물처럼 뚜렷한 경우는 아니지만 열대·아열대 지방의 특산종이 귀화한 것으로 추측되는 버섯도 있다.

흰갈대버섯 *Chlorophyllum molybdites*   갓버섯과   준맹독
- 스테로이드류의 세포 독성분이 있어서 먹으면 오한, 두통, 구토, 설사를 일으키며, 때로는 혈변 등이 심한 위장계의 중독을 일으킨다.
- 봄에서 가을 사이에 풀밭, 초원 및 유기질이 풍부한 땅에 군생한다. 열대·아열대 지방의 특산종이 지구온난화의 영향에 의해 온대지방으로 귀화한 것으로 추측된다. 열대에서 아열대에 걸쳐 분포하는 희귀종으로 한라산 등에 자생한다.
- 갓은 대형이며 반구형에서 둥근 산 모양이 된다. 표면은 매끄럽고 회갈색

흰갈대버섯

인데 성장하면서 불규칙하게 갈라지며 인편이 있다. 가장자리는 어릴 때 아래로 말린다. 주름살은 자루에 떨어진주름살로 밀생하며 백색에서 녹색이 되었다가 올리브색이 된다. 자루는 길고 아래가 조금 굵으며 회백색의 섬유상이고 속은 차 있다. 턱받이는 두껍고 위아래로 움직일 수 있다. 포자는 중대형이며 난형 또는 타원형으로 포자벽이 두껍고 꼭대기에 발아공이 있다.

● 흰갈대버섯의 독성은 기후나 발생지에 따라 다르며 식용하는 나라도 있다.

갈색고리갓버섯 *Lepiota cristata* 갓버섯과 일반독

● 독성분은 모르지만 먹었을 때 밤색갓버섯과 비슷한 중독증상이 나타난다.
● 여름에서 가을 사이에 숲속이나 정원, 잔디밭, 쓰레기장 등의 땅에 군생한다. 지리산, 모악산, 오대산, 발왕산, 한라산, 소백산 등 전국에 분포하는 비교적 흔한 종이다.
● 갓은 소형으로 종 모양에서 편평하게 되며 가운데가 볼록하고, 연한 갈색 또는 적갈색이다. 성장하면 가운데 이외에는 쪼개져서 인편으로 백색의 바탕 위에 퍼지며 가운데는 적갈색을 띤다. 주름살은 백색이거나 크림색이며 끝붙은주름살이고, 자루의 길이는 짧으며 비단빛이 나는데 백색 또는 살색이다. 턱받이는 백색의 비단모양으로 탈락하기 쉽고, 포자의 크기는

갈색고리갓버섯

중형으로 마름모꼴의 포탄형이다.

가시갓버섯 *Lepiota acutesquamosa* 갓버섯과 일반독

- 독성분은 불분명하지만 먹으면 위장계통의 중독을 일으킨다.
- 여름에서 가을 사이에 숲속, 정원, 쓰레기장, 길가의 땅에 군생한다. 변산반도국립공원, 백양사 등에 분포하는데 흔한 종은 아니다.
- 갓은 중형으로 원추형 또는 둥근 산 모양을 거쳐 가운데가 볼록한 편평형이 되는데, 황갈색 또는 적갈색이며 암갈색의 돌기가 있다. 주름살은 떨어진주름살이며 백색이고 분지를 한다. 자루는 짧고 위아래 굵기가 같으

가시갓버섯

며, 자루의 밑은 부풀어 있고 속은 비어 있다. 자루의 위는 백색이고 아래는 연한 갈색이며 인편이 있고, 턱받이는 백색의 막질이며 가장자리는 갈색이다. 포자의 크기는 중형이고 타원형 또는 원주형이다.

독큰갓버섯 *Macrolepiota neomastoidea* 갓버섯과 일반독

- 독성분은 알려지지 않았지간 구토, 설사 등 위장계통의 중독을 일으킨다.
- 가을에 대나무 밭이나 숲속 땅에 군생하며 균륜을 형성한다. 광릉 등에 자생하지만 흔한 종이 아니다.
- 갓은 중형으로 구형에서 가운데가 높은 편평형이 된다. 가운데에 연한 황갈색 대형 비늘조각이 붙어 있고 주위에는 작은 비늘조각이 퍼져 있으며, 바탕은 백색의 섬유상으로 끝이 가늘게 쪼개진다. 살은 백색으로 만지면 적색으로 변한다. 주름살은 떨어진주름살이며 밀생하고 백색이다. 자루의 길이는 길며 밑은 부풀어 있고 백색에서 갈색이 되며 속은 비어 있다. 턱받이는 백색으로 위아래로 움직이고, 포자는 중형이며 난형 또는 타원형이다.

독큰갓버섯

비늘을 뒤집어쓴 독버섯

갓의 표면에 비늘 같은 인편이 분포하여 거칠거칠한데, 그중 비늘버섯류가 특히 심하다. 정확한 이유는 알 수 없지만 환경에 적응하는 한 방법으로 추측된다. 귀신그물버섯과는 대부분 원색적인 색깔을 가지고 있어서 붙여진 이름으로 실제로 버섯들의 색깔이 빨강색이거나 저승사자의 검은 두루마기 같은 색깔이어서 소름이 끼친다. 이 버섯은 상처를 받으면 구미호가 입가에 붉은 피를 흘리는 것처럼 붉은색으로 변하기 때문에 이름에 걸맞은 버섯이다. 그러나 중독증상은 그리 심하지 않다.

땅비늘버섯 *Pholiota terrestris* 독청버섯과 일반독

- 독성분은 알려지지 않았지만 먹으면 구토나 설사 등 위장계통의 가벼운 중독을 일으킨다.
- 봄에서 가을 사이에 숲속, 밭, 길가 등의 땅에 군생 또는 속생한다. 한라산, 전주수목원 등에 분포하는 비교적 드문 종이다.

땅비늘버섯

● 갓은 중소형으로 둥근 산 모양에서 편평하게 된다. 습기가 있을 때는 점액이 있고 크림색, 계피색, 백갈색 등 여러 가지 색이며 암갈색의 인편이 있으나 없는 것도 있다. 가장자리는 안쪽으로 말리고 내피막의 인편이 붙어 있다. 주름살은 연한 녹황색에서 계피색 또는 암갈색이고 밀생하며 바른 또는 올린주름살이다. 자루의 길이는 짧고 가늘며 갓과 같은 색이고 섬유상의 갈라진 인편으로 덮여 있다. 턱받이는 솜털모양의 막질로 불분명하며 포자의 크기는 중형이고 타원형이다.

비늘버섯 *Pholiota squarrosa* 독청버섯과 일반독

● 독성분은 불분명하지만 복통, 설사 등의 소화기 장애를 일으킨다. 또 술과 함께 먹으면 악취가 난다.

비늘버섯

● 가을에 살아 있는 나무의 껍질이나 고목의 줄기 밑동, 그루터기에 군생 또는 속생한다. 우리나라 각지에 분포하고 있다.

● 갓은 중형으로 약간 원추형 또는 반구형에서 가운데가 볼록한 둥근 산 모양을 거쳐 편평하게 된다. 표면은 연한 누런색이거나 황갈색이고 붉은색이나 적갈색의 거칠게 갈라진 인편으로 덮여 있으며 점액은 없다. 살은 연한 황색이고, 주름살은 자루에 바른주름살로 녹황색에서 갈색이 된다. 자루의 길이는 길며 위아래 굵기가 비슷한데 하부는 가늘고 상부에는 섬유질의 갈라진 턱받

이가 있다. 갓과 같은 색이며 인편으로 덮여 있다. 포자의 크기는 중형으로 타원형이며 포자문은 녹슨 갈색이다.

재비늘버섯 *Pholiota highlandensis* 독청버섯과 일반독

- 독성분은 불분명하지만 복통, 설사 등 위장계통의 중독을 일으킨다.
- 봄에서 가을 사이에 불탄 땅 위나 숯 위에 군생 또는 속생한다. 우리나라 지리산, 무등산, 완주 등과 북한의 장진 등에 분포하고 있다.
- 갓의 크기는 소형으로 둥근 산 모양에서 차차 편평하게 된다. 표면은 황갈색 또는 다갈색이며 점액이 있고 매끄럽다. 가장자리에는 황백색의 얇은 내피막이 붙어 있다가 없어진다. 주름살은

재비늘버섯

연한 황색에서 탁한 갈색이 되는데 자루에 바른 또는 올린주름살이며 주름살의 간격이 좁아서 밀생한다. 자루의 길이는 짧거나 짧은 편이고 가늘고 길며 상하가 같은 굵기로 황백색 또는 황색이고 하부는 갈색이다. 표면은 점액이 없고 섬유상이며 미세한 인편이 있고, 어릴 때는 섬유상의 불확실한 턱받이를 가졌으나 쉽게 없어진다. 성숙하면 표면이 대끈해서 턱받이의 흔적을 찾아 볼 수가 없다. 포자의 크기는 중형으로 난형 또는 타원형이며 발아공이 있고, 포자문은 회갈색이다.
- 북한에서는 '탄자리기름갓버섯' 이라고 한다.

침비늘버섯 *Pholiota squarrosoides* 독청버섯과 일반독

- 독성분은 불분명하지만 구토, 설사 등 위장계통의 중독을 일으킨다.
- 여름에서 가을 사이에 고목에 속생한다. 우리나라 지리산, 소백산, 한라산 등과 일본, 중국, 북아메리카, 유럽 등에 분포하고 있다.
- 갓은 소형에서 대형이며 거의 구형에서 둥근 산 모양이 된다. 표면은 연한 황색이며 수직으로 선 비늘이 갓 주위에서 가운데로 분포한다. 성숙하면 가운데가 십자형으로 갈라지는 것도 있으며, 살은 질기고 백황색이고 비늘은 황색이며 표면에 점액이 있다. 주름살은 자루에 바른주름살이며 백색에서 계피색으로 변하고 간격이 좁아서 밀생한다. 자루의 길이는 짧거나 짧은 편이며 백황색이고 비늘이 거칠게 분포한다. 턱받이는 솜털 모양으로 흔적만 있고 위쪽으로는 비늘이 없지만 아래는 갓과 같은 색으로 뒤집힌 인편이 거칠게 덮여 있다. 자루의 속은 차 있고 표면과 같은 색이며 세로로 잘 갈라진다. 포자의 크기는 중형으로 광타원형 또는 아원주형이며 발아공은 명료 또는 불명료한 것이 있다.

침비늘버섯

털밤그물버섯 *Boletellus russellii* 귀신그물버섯과 일반독

- 독성분은 확실하지 않지만 위의 불쾌감, 토할 것 같은 상태 등 이틀 동안 술에 취한 것 같은 위장계통의 중독을 일으킨다.
- 여름에서 가을 사이에 소나무와 졸참나무 숲속의 땅 위나 부식토 위에 단생 또는 군생한다. 지리산, 변산반도국립공원 등에 분포하지만 흔한 종은 아니다.
- 갓은 중소형으로 반구형에서 편평한 둥근 산 모양을 거쳐서 편평하게 펴진다. 표면에 털은 없으며 탁한 백색이나 연한 다색 또는 연한 황토색이다. 관공은 떨어진관공이며 황색에서 녹황색이 되고 구멍은 관공과 같은 색의 다각형으로 상처를 받아도 색이 변하지 않는다. 자루의 길이는 길고 굵으며 속이 차 있고 붉은 갈색이다. 자루 밑에는 융기된 그물눈이 있고 점액이 조금 있다. 포자의 크기는 대형이고 긴 타원형이며 표면에 세로로 달리는 미세한 줄무늬선이 있고, 포자문은 올리브갈색이다.

털밤그물버섯

양탄자처럼 부드러운 독버섯

우단버섯들은 갓의 표면이 양탄자처럼 부드러운 미세한 털로 덮여 있어서 우단(羽緞)이라는 이름을 얻었다. 자루에도 부드러운 털이 덮여 있고 주름살이 얼기설기 있는 것이 특징이다. 외국에는 우단버섯들이 위장계통의 중독증상을 일으킨다고 알려져 있지만 생명에 위협을 줄 정도는 아니다. 우단버섯들은 충분히 가열해서 조리하면 먹을 수 있으나 가능한 한 먹지 않는 것이 좋다.

좀우단버섯 *Paxillus atrotomentosus* 우단버섯과 일반독

- 중독증상은 알레르기 반응에 의한 면역성 용혈을 일으키는 것이다. 심한 경우는 황달을 일으킨다.
- 여름에서 가을 사이에 침엽수의 썩은 나무 및 근처의 땅에 군생한다. 선운산 등에 분포하는 비교적 희귀한 종이다.
- 갓은 중대형으로 편평형에서 오목해지며 질기고 단단하다. 표면은 매끄럽거나 벨벳 모양의 연한 털이 있으며 녹슨 갈색 또는 흑갈색이다. 살은 갯

좀우단버섯

솜 모양으로 백색 또는 연한 황색이고 냄새가 난다. 주름살은 바른 또는 내린주름살이며 크림 갈색이고 밀생하며 그물모양으로 연결된다. 자루는 짧고 굵으며 갈색의 크림색에서 황갈색이 되는데, 편심성 또는 측생이며 단단하고 흑갈색의 연한 털이 빽빽하게 덮여 있다. 자루의 속은 차 있고 질기다. 포자의 크기는 중형으로 난형 또는 타원형이고 매끄러우며 황색이다. 거짓아밀로이드 반응을 나타낸다.

우단버섯 *Paxillus involutus* 우단버섯과 준맹독

- 독성분은 무스카린류이며 먹은 지 1~2시간 후에 복통, 구토, 설사가 일어나고 심한 경우는 용혈에 의한 황달과 콩팥의 통증, 그리고 오줌이 안 나오는 등의 장기 고통으로 사망한다. 무스카린을 함유하고 있기 때문에 신경계통의 이상 증상도 나타난다.
- 여름에서 가을 사이에 숲, 풀밭 등의 땅에 군생한다. 우리나라 각지와 일본, 소아시아, 유럽, 북아메리카, 아프리카 등에 분포하고 있다.
- 갓의 크기는 소형이나 중형으로 둥근 산 모양에서 차차 편평형이 되었다가 깔때기 모양이 된다. 표면은 매끄럽고 회갈색 또는 황갈색에서 약간 올

우단버섯

리브색이 된다. 습기가 있을 때 점액이 조금 있으며 가장자리는 안쪽으로 말리고 미세한 털이 있다. 살은 연한 황색인데 상처를 입으면 갈색으로 변색한다. 주름살은 자루에 내린주름살로 연한 황색에서 황토갈색이 되고, 불규칙하게 한 개 또는 여러 개로 분지하여 그물처럼 되며, 손으로 만진 부분은 갈색의 얼룩이 생긴다. 자루의 길이는 짧거나 긴 편이며 황색으로 갈색의 얼룩이 생긴다. 포자의 크기는 중대형이고 타원형이다.

- 충분히 가열해서 조리하면 먹을 수 있다고 하지만 먹지 않는 것이 좋다. 상처를 받으면 주름살, 자루, 살이 갈색으로 변색하는 특징이 있다.

은행잎우단버섯 Paxillus panuoides 우단버섯과 준맹독

- 독성분은 불분명하며 위장계통의 중독을 일으킨다. 우단버섯속의 버섯 중 독은 사람에 따라 심한 알레르기를 일으키는 일이 있으므로 주의를 요한다.
- 여름에서 가을 사이에 소나무의 그루터기나 목조건물 등에 다수가 겹쳐 발생하며, 목재를 썩히는 부후균으로 갈색부후를 일으킨다. 우리나라 방태산, 변산반도국립공원, 지리산, 만덕산 등과 북한의 대성산, 금강산 등에 분포하고 있다.

은행잎우단버섯

- 갓은 소형이나 중형으로 자루가 없고 거의 거꾸로 된 난형이나 기주의 밑을 향해 V모양으로 좁아진다. 표면은 탁한 황토색이며, 어릴 때는 가는 털이 있으나 나중에는 매끄럽게 되고 가장자리는 안쪽으로 말린다. 살은 크림 백색이고 주름살은 탁한 황색으로 가지를 치며, 주름진 맥상으로 연결되는데 폭은 좁다. 주름살의 간격이 좁아서 밀생하며 곱슬머리모양이고 기주 밑에서는 그물모양이다. 포자의 크기는 중소형으로 짧은 타원형이며 표면이 매끄럽고, 포자문은 황토색이다.
- 북한에서는 '은행버섯' 이라고 한다.

꽃잎우단버섯 *Paxillus curtisii* 우단버섯과 준맹독

- 독성분은 불분명하며 은행잎우단버섯의 중독증상과 똑같다.
- 여름부터 가을에 걸쳐 침엽수의 고목에 겹쳐서 군생하여 갈색부후(褐色腐朽: 죽은 나뭇가지의 뒤쪽에 갈색을 띤 특정의 균류가 기생하면서 조직이 썩는 현상)를 일으킨다. 우리나라 연석산과 일본, 중국, 러시아의 원동, 북아메리카 등에 분포하고 있다.

꽃잎우단버섯

● 갓의 크기는 소형으로 반원형, 심장형 또는 부채 모양이고 자루는 없다. 가장자리는 안쪽으로 말리고 표면은 황색으로 밋밋하며 털은 없거나 조금 있다. 살은 연한 황색인데 특유의 불쾌한 냄새가 난다. 주름살의 폭은 2~3밀리미터이며 갓의 색보다 진한 오렌지 황색으로 오래되면 약간 올리브색을 띤다. 주름살은 간격이 약간 좁아서 밀생하고 방사상으로 배열되는데, 심하게 오그라들거나 규칙적으로 여러 번 분지하여 측면에 주름진 세로줄의 선이 뚜렷하게 나타난다. 포자의 크기는 소형이며 타원형 또는 원주형으로 구부러지고, 비아밀로이드 반응을 나타내며 포자문은 올리브 황색이다.

깔때기 모양의 독버섯

깔때기 모양이고 주름살이 내린주름살이어서 쉽게 구분이 되지만 얕은 깔때기로 된 것들도 있다. 깔때기버섯들은 대부분 독성을 가지고 있기 때문에 주의가 필요하며, 특히 날것으로 먹는 것은 위험한 일이다.

깔때기버섯 *Clitocybe gibba* 송이버섯과 일반독

● 독성분인 무스카린에 의해 신경계통 중독증상이 나타난다.
● 여름부터 가을 사이에 낙엽, 풀밭, 돌틈 사이에 속생 또는 군생한다. 한라산, 가야산, 변산반도국립공원, 발왕산, 방태산, 오대산, 백두산, 소백산, 두륜산 등 전국에 분포하는 흔한 종이다.
● 갓은 중소형으로 오목한 둥근 산 모양에서 편평하게 되었다가 가장자리가 말려서 깔때기 모양이 되지만 가운데가 돌출하는 것도 있다. 가장자리에는 짧은 줄무늬 홈선이 있고, 색은 황색, 살구색, 연한 적갈색 등이며 표면은 매끄러운데, 가운데에는 미세한 인편이 있고 가장자리는 자색을 나타낸다. 주름살은 백색 또는 황백색이고 내린주름살이며 밀생하고, 자루는

깔때기버섯

짧고 위아래가 같은 굵기이다. 갓과 같은 색이거나 조금 연한 색으로 자루의 속은 차 있고 질기며 밑은 흰색의 솜털로 덮여 있다. 포자의 크기는 중형이고 무색의 타원형이다.

비단깔때기버섯 *Clitocybe candicans* 송이과 일반독

- 독성분은 무스카린으로 위장계통과 신경계통에 심한 중독을 일으킨다.
- 가을에 낙엽 활엽수림의 땅에 군생한다. 우리나라에는 전국적으로 분포하고 있다.
- 버섯 전체가 백색의 소형균이다. 갓은 지름 2~4센티미터로 둥근 산 모양에서 차차 편평하게 되며 가운데는 배꼽모양으로 약간 오목해진다. 표면에는 가루 같은 것이 있으며 마르면 비단 같은 빛이 나고, 살은 백색으로 얇고 맛과 냄새가 없다. 주름살은 백색 또는 황백색으로 폭이 좁고, 자루에 바른주름살에서 내린주름살이 되며 간격이 좁아서 밀생한다. 자루의 길이는 짧고 위아래가 같은 굵기이지만 아래로 약간 굵은 것도 있으며 백색이고 섬유상이다. 근부는 짧은 털로 덮이며 대개 구부러져 있다. 포자의 크기는

비단깔때기버섯

소형이며 타원형이다.
● 깔때기 모양의 버섯에는 독버섯이 많이 포함되어 있고 특히 백색 종류 가운데 독이 있는 것으로 알려져 있기 때문에 이 버섯들은 먹지 않는 것이 안전하다. 깔때기버섯과 비슷한데 깔때기버섯은 색이 적갈색인 점에서 구분된다.

흰삿갓깔때기버섯 Clitocybe fragrans 송이과 일반독

● 무스카린 독성분으로 위장계통과 신경계통의 중독증상이 나타난다.
● 여름에서 가을에 숲속의 땅에 군생 또는 두세 개씩 속생한다. 모악산, 지리산, 만덕산, 어래산, 가야산, 두륜산, 방태산, 변산반도국립공원과 북한의 양덕 등에 분포하고 있다.
● 갓의 크기는 소형으로 가운데가 조금 오목한 둥근 산 모양에서 차차 편평형이 되었다가 가운데가 들어가서 깔때기 모양이 되며 어떤 것은 자루의 밑까지 들어간 것도 있다. 표면은 매끄럽고 습기가 있을 때 가장자리에 줄무늬선이 나타나며, 연한 황회색이나 마르면 줄무늬선은 없어지고 백색이 된다. 가장자리는 처음에 안쪽으로 말리고, 살은 얇고 백색으로 맛은 없으나 벚꽃 같은 향기가 있는 것도 있다. 주름살은 백색이나 크림색이고 간격이 좁아서 밀생하며 자루에 바른 또는 내린주름살이다. 자루의 길이는 짧고 가늘며 위아래가 같은 굵기이지만 아래로 약간 굵은 것도 있으며 연골질

흰삿갓깔때기버섯

이다. 표면은 갓과 같은 색깔 또는 살색이고 약간 섬유상이며 자루의 속은 비어 있다. 포자의 크기는 중형으로 타원형이고 표면은 매끄럽다.
- 끓여서 식용하기도 하지만 먹지 않는 것이 좋다. 북한에서는 '흰냄새깔때기버섯' 이라고 한다.

나팔소리로 위험을 알리는 독버섯

모양이 나팔과 비슷해서 붙여진 이름으로 주름살이 흠기되어 길게 늘어져 자루 밑까지 발달한 것이 특징이다. 나팔이나 깔때기 모양의 버섯들은 독성분을 가진 것들이 대부분이므로 절대로 먹어서는 안 된다.

나팔버섯 *Gomphus floccosus* 나팔버섯과 일반독
- 독성분은 노르카페라틱산이며 구토, 설사 등 위장계통의 중독을 일으킨다. 동물실험에서는 눈의 동공이 흐리고 근육이 이완되며 중추신경 계통의 증상이 나타난다.
- 여름에서 가을 사이에 이끼가 없는 침엽수림의 땅에 단생 또는 군생하며

나팔버섯

균륜도 형성한다. 변산반도국립공원, 속리산, 오대산, 월출산 등 전국에 분포하는 비교적 드문 종이다.
- 갓은 중형이고 키가 매우 크며 어릴 때는 뿔피리 모양이나 속이 깊은 깔때기 모양 또는 나팔 모양이 된다. 가운데는 밑까지 오목하게 들어가고, 황토색 바탕에 적홍색의 반점이 있으며 위로 말리고 큰 인편이 있다. 자실층면은 황백색 또는 크림색이며, 자루에 세로줄로 된 긴 내린주름살형이고 맥상의 주름이 된다. 자루는 적색의 원통형이며 속이 비어 있고, 포자는 대형이고 타원형이며 대부분 표면은 매끄럽다. 포자문은 크림색이다.
- 끓이면 독성분의 일부가 소실되기 때문에 먹을 수 있지만 그래도 중독될 수 있으므로 먹지 않는 것이 좋다.

후지나팔버섯 *Gomphus fujisanensis* 나팔버섯과 일반독
- 독성분은 불분명하지만 구토, 복통 등 위장계통의 중독을 일으킨다.
- 여름부터 가을에 걸쳐 혼효림의 땅에 군생하며 균륜을 형성한다. 우리나라 지리산과 일본 등에 분포하고 있다.
- 갓은 원통형에서 뿔피리 모양을 거쳐 깊은 깔때기 모양의 나팔처럼 된다. 지름 5~10센티미터이고 높이는 30~40센티미터이며 중심부는 기부까지 패여 있다. 전체가 진흙색 또는 연한 황토갈색이고 자실층면의 안쪽은 살구색이나 연한 갈색으로 약간 거칠고 외측은 주름모양 또는 맥상 모양이

후지나팔버섯

다. 포자는 대형으로 타원형이며 표면에 가는 사마귀점이 있다.
● 유사종인 나팔버섯에 비해 자실체 전체가 적색 또는 황색 등의 선명한 색이 없고 키가 크며 포자가 조금 작은 점에서 쉽게 구별된다. 시간이 지나면 심한 냄새가 나는데, 끓여도 독성분이 남아 있으므로 주의해야 한다.

점액으로 사로잡는 독버섯

끈적버섯과의 버섯들은 갓의 표면에 점액이 있어서 붙여진 이름이지만 점액이 없는 것도 있다. 또한 어릴 때나 습기가 있을 때는 점액이 있다가 건조하거나 버섯이 사그라질 무렵이면 없어지기도 한다. 끈적버섯과의 버섯 가운데 땀버섯을 제외하고는 독성분을 가진 종류가 거의 없으며, 간혹 있더라도 사람에게 해를 끼칠 만큼 맹독을 가진 경우는 없다. 먹으면 가벼운 위장 계통의 증상이 나타나는 정도이다.

피즙전나무끈적버섯 *Dermocybe sanguinea* 끈적버섯과 일반독
● 독성분은 에모딘으로 설사 등 위장계통의 중독을 일으킨다.

피즙전나무끈적버섯

- 여름에서 가을 사이에 침엽수림의 땅이나 나무 그루터기 부근에 군생하며 한라산 등지에 분포하고 있다.
- 갓은 소형으로 둥근 산 모양에서 편평하게 된다. 표면은 점액이 없고 암적색이며 매끄럽거나 미세한 인편이 있다. 살은 붉은 황색으로 누르면 빨간 즙이 나오고, 주름살은 바른 또는 홈파진주름살로 암적색에서 녹슨 갈색이 되며 성기다. 자루는 비교적 길고 가늘며 갓과 같은 색으로 섬유무늬가 있다. 포자는 중형이고 타원형이며 미세한 사마귀점이 있다.

소뿔 모양의 독버섯

전형적인 버섯 모양이 아니라 소뿔이나 나뭇가지 모양이어서 쉽게 버섯으로 보이지 않는다. 더욱이 눈에 잘 띄지 않고 대형 버섯도 아니기 때문에 이런 버섯에 의한 중독사고는 일어날 확률이 거의 없다. 나뭇가지 모양을 하고 있기 때문에 싸리버섯류로 보는 경우가 종종 있으며, 분류학적으로는 붉은목이에 속한다.

아교뿔버섯 *Calosera viscosa* 붉은목이과 일반독

- 독성분인 인돌알칼로이드가 검출되므로 먹어서는 안 된다. 말똥버섯 중

아교뿔버섯

상과 비슷하다.
- 여름부터 가을까지 침엽수의 고목에 대부분 단생하지만 때때로 군생하기도 한다. 소백산, 오대산, 지리산, 백두산, 어래산, 속리산 등에 분포하고 있다.
- 버섯은 소형이며, 전체가 선명한 오렌지황색에서 짙은 황색을 띠고 있다. 자루의 밑은 원통형으로 보통 한 개의 자루에서 위로 몇 번이고 가지가 분지한다. 전체적으로 약한 점액이 있으며, 반투명한 젤라틴질을 가진 연골질이나 마르면 각질이 되어 단단해진다. 포자의 크기는 중대형이고 긴 타원형이다.

편안한 말안장의 독버섯

이 버섯들은 자낭균으로 일반적인 버섯과 다른 독특한 모양을 하고 있다. 쉽게 발견이 되지 않고 먹음직스러워 보이지도 않지만, 자낭균류에도 독버섯이 있으므로 조심해야 한다.

주름안장버섯 *Helvella crispa* 안장버섯과 일반독

- 독성분은 지로미트린으로 가벼운 신경성 증상을 일으킨다. 지금까지는 먹는 버섯으로 알려져 있었지만 마귀곰보버섯과 비슷한 중독증상을 나타낸다.
- 여름부터 가을까지 숲속 또는 뜰 등에 군생하며 지리산 등에 자생한다.
- 버섯의 높이는 약 10센티미터 정도로 머리 부분과 자루로 구분된다. 머리 부분은 불규칙한 말안장 모양으로 가장자리가 물결 모양이거나 갈라져 있다. 울퉁불퉁하며 황백색 또는 연한 황회색이고 바깥 면은 표면과 같은 색으로 연한 털이 있다. 자루는 백색으로 굵고 길며 매끈한데, 불규칙한 간격의 세로로 융기된 맥이 뚜렷하게 나타나며 속은 비어 있다. 포자는 대형이고 타원형이며, 표면은 매끈하고 한 개의 커다란 기름방울이 있으며 무색이다.
- 유사종인 안장버섯은 두부가 말안장 모양이며 독성분과 중독증상은 밝혀지지 않았지만 유럽과 미국에서 독버섯으로 취급한다. 여름부터 가을 사이에 숲속 땅에 산생하거나 군생하는데 흔한 버섯은 아니다. 지리산, 한라산, 백두산 등 남북한 전역에서 발견되고 있다.

주름안장버섯

파상땅해파리 *Rhizina undulata* 안장버섯과 일반독

- 독성분은 알려지지 않았지만 날것으로 먹으면 위장계통의 중독을 일으킨다.
- 여름부터 겨울까지 침엽수림 안의 땅에 군생하며 특히 불탄 자리에 많이 나서 소나무를 집단적으로 말라죽게 한다. 가야산, 모악산 등에 분포하고 있다.
- 버섯의 지름은 3~10센티미터이고 두께는 2~3밀리미터로 쟁반을 엎어 놓은 불규칙한 구름모양이며 땅 위로 퍼진다. 표면은 불규칙하게 자라 올라와서 불퉁불퉁하고, 짙은 적갈색으로 때로 연한 색도 있으며 완만한 물결형의 요철이 있고 매끈하다. 가장자리는 아래쪽으로 구부러진다. 쟁반 윗면의 자실층은 밤갈색 또는 흑갈색이고, 가장자리는 백색의 단단한 육질이며 아랫면에 황토색의 가는 주름이 있다. 검은 균사손이 뭉쳐 있고, 자루는 없다. 포자는 초대형으로 무색의 방추형이고 양 끝에 돌기가 있으며 표면은 매끄럽다.

파상땅해파리

여러 형태로 천적과 싸우는 버섯

그물로 위장한 독버섯

그물버섯과의 버섯들은 말 그대로 자루에 그물모양 무늬가 있다. 그물버섯류는 대부분 먹는 버섯이라고 알려져 있으나 중독증상을 일으키는 버섯들이 보고되고 있다. 상처를 받으면 주름살이나 살(육질)이 청색으로 변색되는 것들이 있는데, 오래 되거나 마르면 청색은 사라진다. 청색으로 변하기 때문에 독성분이 있다고 생각하기도 하지만 살이 부드러워서 먹는 버섯으로 알고 있는 경우가 더 많다. 이 버섯들 속에는 수많은 곤충이 우글우글해서 마르면 검게 되며 껍데기만 조금 남을 뿐이다. 많은 전설과 설화 속에 등장하는 버섯이다.

튼그물버섯 *Boletus calopus*   그물버섯과   일반독

● 독성분은 무스카린류이며 먹은 지 수십 분부터 1시간 안에 복통, 설사 등 위장계의 중독을 일으킨다. 심한 경우는 탈수, 경련, 쇼크 등을 일으키며, 무스카린 때문에 무스카린 중독증상도 나타난다.

튼그물버섯

- 여름부터 가을에 걸쳐 소나무 등의 침엽수림과 활엽수림의 땅에 군생하며 지리산 등에 분포하는 비교적 흔한 종이다.
- 갓은 둥근 산 모양에서 편평하게 펴지며 녹황색 미세한 털이 있다가 없어지고 가늘게 표면이 갈라진다. 살은 황색 또는 백색인데 공기에 닿으면 청색으로 변하고 맛이 쓰다. 관공은 바른관공 또는 떨어진관공으로 황색에서 녹황색이 되며, 관공의 구멍은 원형으로 상처를 입으면 청색으로 변색한다. 자루는 비교적 짧으며 꼭대기는 황색이고 하부는 적색인데 가는 그물눈이 있고 은갈색이다. 포자는 대형으로 방추형이다.

쓴맛그물버섯 *Tylopilus felleus* 그물버섯과 일반독

- 먹은 지 수십 분부터 24시간 안에 오한, 복통, 구토, 설사 등 위장계통의 중독을 일으키지만 2, 3일 후에 회복된다. 무스카린의 중독증상도 나타난다.
- 여름에서 가을 사이에 활엽수림의 땅에 단생한다. 다도해해상국립공원, 변산반도국립공원, 방태산, 발왕산, 지리산, 모악산 등 전국에 분포하는

쓴맛그물버섯

제주쓴맛그물버섯

비교적 흔한 종이다.
● 갓은 중대형으로 원주형에서 둥근 산 모양을 거쳐 편평하게 된다. 처음에는 미세한 털이 있으나 나중에 없어지며, 자색에서 암자색을 거쳐 갈색이 된다. 관공은 바른 또는 홈파진관공이며 크림색에서 분홍색을 거쳐 청자색이 되고, 관공의 구멍은 백색에서 분홍색으로 변색한다. 자루는 비교적 짧고 갓과 같은 색인데, 위쪽은 거미줄 모양으로 암자색의 반점이 있고 아래는 청색이다. 포자의 크기는 대형이고 타원형이며 매끄럽고, 포자문은 연한 홍갈색이다.
● 유사종인 제주쓴맛그물버섯(*Tylopilus neofelleus*)은 갓이 황갈색이나 올리브회색이고 자루 표면 전체에 분명한 그물 모양(올리브색-탁한 갈색)이 있으며, 구멍은 백색에서 자색이 된다.

진갈색먹그물버섯 *Xanthoconium affine* 그물버섯과 준맹독

● 독성분이 간에서 단백질 합성을 저해하기 때문에 간에 독성이 나타나는 것으로 알려져 있다.
● 여름에서 가을에 걸쳐 낙엽수림의 흙에 단생 또는 군생한다. 우리나라 지리산과 일본, 마다카스카르 섬, 북아메리카 동부 등에 분포하고 있다.
● 갓은 소형이나 중형으로 둥근형이었다가 차차 편평해진다. 회갈색 또는 암갈색으로 가운데 부분은 약간 청갈색이고 가장자리는 황갈색이다. 성숙하면 갈색 또는 황토색이 되며 습기가 있을 때 끈적거린다. 털은 없고 평활하며 때때로 불규칙하게 파이거나 갈라져서 살이 보인다. 살은 백색이고 표피 밑은 노란색이며 상처를 받아도 변색하지 않는다. 가운데를 중심으로 분말 또는 미세한 인편이 분포한다. 관공은 자루에 떨어진관공이고 주위가

그물버섯아재비　　　　　　　　　　　　　　　진갈색먹그물버섯

약간 들어가 있으며 황갈색이다. 구멍은 소형이고 관공보다 옅은 색깔이나 차차 관공과 같은 색이 된다. 자루의 길이는 긴 편이거나 길며 원통형이고, 표면에는 간혹 가루가 분포하는 것도 있으며 벨벳 모양이다. 위쪽의 미세한 그물눈과 위쪽 자루의 밑은 백색이며 그 외는 암갈색 또는 갈색이고 백색의 세로줄 무늬가 있다. 포자의 크기는 대형이고 방추상의 원주형이며 KOH액의 반응에 노란색을 나타낸다. 가끔 한두 개의 기름방울을 갖고 있는 것도 있으며, 포자벽은 이중막이고 비아밀로이드 반응을 나타낸다. 포자문은 갈색 또는 황갈색이다.

- 유사종인 그물버섯아재비(*B. reticulatus*)는 자루 전체가 융기되고 표면에 그물눈이 있으며 연한 색이고 관공이 성숙하면 황색에서 황갈색이 되므로 구별된다.

산속그물버섯아재비 *Boletus pseudocalopus* 그물버섯과 일반독

- 독성분은 불분명하며 위장계통의 중독을 일으킨다.
- 여름에 활엽수림 및 침엽수림의 땅에 군생한다. 변산반도국립공원, 북

산속그물버섯아재비

한산, 가야산, 소백산, 지리산 등에 분포하고 있다.
* 갓의 크기는 중대형으로 편평한 볼록렌즈형에서 편평형이 된다. 표면은 연한 황갈색 또는 연한 홍갈색으로 처음에는 솜털이 있으나 과립상이 된다. 살은 연하고 독특한 냄새가 나며 황색이고, 두께는 자루 근처에서 약 2.5센티미터이며 자르면 조금 녹청색으로 변색한다. 관공은 자루에 바른 또는 내린관공으로 황갈색이나 상처를 입으면 청색으로 변한다. 자루의 길이는 긴 편이고 비교적 굵으며 아래쪽으로는 적색을 띠는데, 표면은 황색 바탕에 암홍색의 미세한 가루가 얼룩처럼 더럽게 보인다. 자루 상부에는 관에 이어진 미세한 그물눈이 있다. 포자의 크기는 대형이고 방추형이며 표면은 매끄럽다.
* 맛있는 식용균으로 알고 있지만 중독증상이 나타나므로 조심해야 한다.

은빛쓴맛그물버섯 *Tylopilus eximius* 그물버섯과 일반독

* 독성분은 불분명하지만 복통, 위통, 하품, 구토, 오한 등의 중독을 일으킨다. 사람(체질)에 따라 위장계통의 중독이 일어나기도 한다.
* 여름에서 가을 사이에 전나무 숲속의 땅 위에 군생한다. 속리산, 두륜

은빛쓴맛그물버섯

산, 변산반도국립공원, 한라산 등에 분포하고 있다.

● 갓의 크기는 중대형으로 반구형에서 넓은 원추형을 거쳐 차차 편평하게 되나 약간 요철형인 것도 있다. 표면은 건조하지만 습기가 있을 때 점액이 있으며 약간 거칠고, 초콜릿 자갈색으로 처음에는 독특한 꽃잎무늬가 있고 털이 없어서 매끈하다. 어릴 때는 백색가루가 있는 것처럼 보이며, 살은 백색에서 연한 붉은 회색을 거쳐 분홍색이 된다. 관공은 암자갈색이고 자루에 바른 또는 끝붙은관공으로 구멍은 작고 초콜릿 자갈색에서 어두운 색이 된다. 자루의 길이는 긴 편으로 위아래가 같은 굵기이고 질기며 단단한데, 상처를 받으면 구멍과 똑같게 어두운 색으로 변색한다. 표면은 초콜릿 자갈색이고 작은 자색의 인편이 빽빽하게 있으며 처음에는 세로의 줄무늬선이 있다. 포자의 크기는 대형으로 타원형이며 표면은 매끄럽고, 포자문은 적갈색이다.

흑자색쓴맛그물버섯 *Tylopilus nigropurpureus* 그물버섯과: 일반독

● 독성분은 불분명하며 위장계의 중독을 일으킨다.
● 여름에서 가을 사이에 숲속의 땅에 단생 또는 군생한다. 우리나라 지리

흑자색쓴맛그물버섯

융단쓴맛그물버섯

산과 일본, 말레이시아 등에 분포하고 있다.

● 갓의 크기는 중대형으로 반구형에서 편평하게 된다. 표면은 흑색 또는 흑자색으로 미세한 털이 있어서 벨벳 같은 촉감이 있고 표면은 때때로 가늘게 갈라진다. 살은 두껍고 단단하며 회백색이고, 공기에 닿으면 약간 회홍색 또는 오렌지 갈색이 되었다가 흑색으로 변색하고 냄새와 맛은 없다. 관공은 자루 주위에서 급격히 함몰한 올린관공에서 끝붙은관공이 되고 성숙하면 회백색 또는 녹회색에서 탁한 회색이나 칙칙한 핑크색이 된다. 상처를 받으면 적색이 되었다가 흑색으로 변색한다. 구멍은 각진 형으로 관공과 같은 색이고 작으며 손으로 만지면 대부분 흑색이 된다. 자루의 길이는 짧거나 짧은 편으로 위아래가 같은 굵기이며 갓과 같은 색이고 위쪽 또는 아래쪽으로 가늘다. 표면에는 미세한 가루 같은 것이 있고 약간 벨벳 모양이며 융기된 그물눈이 분명하게 나타난다. 녹황색 또는 황회색이며 자루의 밑은 올리브황색 또는 황갈색의 얼룩이 있다. 위쪽에 그물눈이 있는데 처음에는 바탕색과 같으나 손으로 만지거나 오래되면 흑색이 된다. 성숙한 버섯의 속살은 자루 밑에서 젤라틴질화하고 자루 아래는 부분적으로 황갈

색이 되며, 자루의 밑은 뾰족하다. 포자의 크기는 원추형이고 중대형이다.
- 유사종인 융단쓴맛그물버섯은 자실체가 비교적 대형이고 자루는 길다. 갓의 표면에 털이 있어서 구분된다.

거친껄껄이그물버섯 *Leccinum scabrum* 그물버섯과 일반독

- 독성분은 불분명하지만, 날것으로 먹으면 소화불량을 일으키는 경우가 있다.
- 여름에서 가을에 걸쳐 활엽수림의 땅에 단생 또는 군생한다. 주로 낮거나 높은 산에 발생하며 균근을 형성한다. 만덕산, 한라산, 가야산, 모악산, 지리산, 변산반도국립공원 등과 북한의 묘향산, 오가산, 녕원, 개성, 판교 등에 분포하고 있다.
- 갓의 크기는 중형으로 반구형 또는 둥근 산 모양이다. 표면은 회색, 회갈색, 암갈색 등인데, 습기가 있으면 약간 점액이 있다. 살은 백색이나 공기에 닿으면 분홍색(자루의 상부는 청색)으로 변한다. 관공은 자루에 올린 또는 끝붙은관공으로 백색에서 연한 회색이 되며, 구멍은 처음에는 백색 또는 크림색이었다가 회갈색이나 황토갈색이 된다. 자루의 길이는 긴 편이

거친껄껄이그물버섯

거나 길며 위쪽으로 가늘고, 표면은 백회색 바탕에 회갈색 또는 흑색의 작은 세로줄 인편이 덮여 있다. 포자의 크기는 대형이고 긴 방추형이다.
● 이 종류의 버섯은 형태적으로 구별하기 어려우므로 현미경 관찰이 필수적이다. 충분히 끓이면 먹을 수 있으나 먹지 않는 것이 좋다. 북한에서는 '검은소름그물버섯' 이라고 한다.

노란길민그물버섯 *Phylloporus bellus* 그물버섯과 일반독

● 독성분은 불분명하지만 위장계통의 중독을 일으킨다.
● 여름에서 가을 사이에 숲속이나 정원의 나무 밑 땅에 군생한다. 변산반도국립공원, 지리산, 만덕산, 소백산, 두륜산, 한라산 등과 북한의 묘향산, 오가산, 금강산, 광릉 등에 분포하고 있다.
● 갓의 크기는 소형이나 중형으로 둥근 산 모양에서 차차 편평하게 되고 나중에는 거꾸로 된 원추형이 된다. 표면은 갈색이나 적갈색 또는 황갈색에서 올리브 갈색 등이며 상처를 받은 곳은 심한 갈색이나 암갈색 또는 거의 흑색이 된다. 벨벳 같은 촉감이 있으며 살은 두껍고 백색에서 연한 홍색이었다가 황색으로 변하지만 암모니아수를 바르면 청색으로 변한다. 주름

노란길민그물버섯

살은 자루에 길게 내린주름살로 선명한 황색이고 맥상으로 서로 연결하며 때로는 갈색의 얼룩을 만든다. 성숙하면 황갈색이나 올리브 갈색이 되고 상처를 받으면 때로 청색으로 변색하는 것도 있다. 자루의 길이는 짧은데 상부는 굵고 하부는 가늘어지며 황색 또는 황갈색이다. 자루의 표면에는 미세한 가루와 인편이 있으며 아래쪽으로는 약간 벨벳 모양이고 위로는 주름살과 연결되며 세로줄이 있다. 자루 밑에는 드문드문 맥상의 융기가 있고 상호 연결된다. 자루의 속은 차 있고 밑에는 연한 갈색의 균사가 있다. 포자의 크기는 중대형이고 긴 타원형이다.

- 북한에서는 '노란주름버섯'이라고 한다. 회갈색민그물버섯은 살과 주름살이 청색으로 변색되었다가 갈색이 된다.

분말그물버섯 *Pulveroboletus ravenelii* 그물버섯과 일반독

- 독성분은 불분명하지만 오심, 현기증, 구토 등 위장계통의 중독을 일으킨다.
- 여름에서 가을 사이에 활엽수림 또는 침엽수림의 땅에 단생 또는 군생한다. 변산반도국립공원, 속리산, 지리산 등과 북한의 묘향산, 금강산, 오가산, 녕원 등에 분포하고 있다.
- 갓의 크기는 소형이나 중형으로 둥근 산 모양에서 차차 편평하게 된다. 표면은 점액이 조금 있고 황색에서 황토갈색 또는 황갈색이 되며 황색 가루 또는 가는 솜털 모양의 물질로 덮여 있다. 손으로 만지면 가루가 손에 잘 붙으며, 가운데는 약간 갈색을 띤다. 갓의 아래는 황색의 피막으로 덮여 있지만, 피막이 파괴되어 갓 가장자리로부터 일부는 아래로 매달리고 자루에 턱받이가 되어 남기도 하지만 나중에 없어진다. 살은 백색 또는 황색인데 상처를 입으면 천천히 청색으로 변했다가 암갈색이 된다. 관공은 황색에서 암갈색이 된다. 자루의 길이는 긴 편으로 위아래 굵기가 같고 아래쪽은 황

분말그물버섯

색의 가루로 덮여 있다. 자루 밑에는 연한 황색이나 백색의 균사가 있고 속은 차 있다. 포자의 크기는 중대형으로 방추상의 타원형이며 포자문은 올리브갈색이다.
● 북한에서는 '노란가루그물버섯' 이라고 한다.

화산처럼 포자를 내뿜는 독버섯

어리알버섯들은 공 모양이어서 보통 버섯과는 모양이 판이하게 다르다 그래서 쉽게 버섯으로 보이지 않는데, 어릴 때는 황백색이 많아서 예쁘고 속이 백색의 살(기본체)로 되어 있기 때문에 식용으로 착각하기 쉽다. 그러나 성숙하면 살이 전부 포자덩어리가 되고 가운데가 터져서 바람에 날아가므로 지저분해진다. 이와 비슷한 말불버섯은 백색인 것이 많고 어릴 때는 먹을 수 있어서 혼동하기 쉽다. 그러나 어리알버섯은 외국에서 중독사고가 보고된 바 있으므로 먹어서는 안 된다. 종종 식도락가들이 호기심에서 이런 버섯을 먹는 경우가 있는 것으로 보이는데, 미국과 유럽에서는 독버섯으로 취급한다.

볏짚어리알버섯 *Scleroderma flavidum* 어리알버섯과 일반독
● 독성분이 불명확하고 중독증상도 확실히 알 수 없지만 어리알버섯류에는 유독종이 많으므로 주의해야 한다.

● 여름부터 가을까지 바닷가의 모래땅에 군생하며, 지리산 등에 분포하는 드문 종이다.
● 버섯은 소형이고 편평한 구형이며 기부에 백색의 균사 뭉치가 붙어 있다. 표면은 매끄러우나 꼭대기 부분에 작고 얕은 균열이 별모양으로 생긴

볏짚어리알버섯

다. 연한 황색 또는 황갈색으로 꼭대기는 흑색이다. 껍질의 두께는 얇고 단면은 백색으로 성숙한 다음에 불규칙하게 터져서 포자를 날려 보낸다. 기본체는 붉은 회색의 육질이 되고 그물 모양으로 반짝거리며 그물눈은 구형 또는 다각형으로 성숙한 다음에 황색으로 남아 있다. 포자는 대형으로 갈색의 구형이며 하나의 기름방울과 그물모양 돌기를 가졌다.

8. 독버섯과 사람은 인연인가 악연인가

술을 만나면 독성을 내뿜는 버섯

알코올 성분을 만나면 화학반응을 일으켜 독성분으로 변하는 버섯들이 있다. 독성분의 전구물질이 알코올과 만나 중독증상을 나타내지만 위험한 수준은 아니다. 이런 버섯을 먹은 후에는 상당기간 술을 금하는 것이 좋다.

배불뚝이깔대기버섯 *Clitocybe clavipes* 송이버섯과

● 이 버섯의 독성분은 술과 함께 먹을 때만 중독증상이 나타난다. 버섯을 먹은 지 30분부터 1시간 안에 악취상태인 얼굴이 화끈거리고, 두통과 맥박 느림 등의 상태가 된다. 심할 경우에는 호흡곤란으로 의식 불명에 빠질 수도 있다. 이 버섯을 먹은 후에는 적어도 일주일 이상 술을 마시지 않는 것이

배불뚝이깔대기버섯

좋다.
- 여름에서 가을에 걸쳐 숲속의 흙에 단생하거나 또는 특히 소나무숲에 군생한다. 한라산, 발왕산, 백두산 등 전국에 분포하고 있다.
- 갓은 중소형으로 둥근 산 모양에서 편평하게 되었다가 깔때기형이 되지만 가운데는 돌출한다. 주름살이 긴 내린주름살이기 때문에 전체가 거꾸로 된 원추형이다. 매끄럽고 갈색이나 회갈색을 띠며 가운데는 어두운 색이고 가장자리는 안쪽으로 말린다. 살은 백색으로 가장자리는 얇고 자루 근처는 두꺼운데 맛은 없다. 자루는 비교적 짧은 편으로 가운데가 부풀어 있고 갓보다 연한 색이며 회갈색의 섬유모양이고 속은 차 있다. 포자의 크기는 중형이고 타원형이다.
- 술과 함께 먹지 않으면 식용도 가능하다고 하지만 먹어서는 안 된다. 우리나라의 보통명은 이 버섯의 자루 가운데가 굵기 때문에 붙여진 이름이다.

두엄먹물버섯 *Coprinus atramentarius* 먹물버섯과

- 독성분은 코프린으로 술과 함께 먹으면 비교적 빠른 시간 안에 얼굴이 빨갛게 되면서 화끈거리고 두통, 발한, 호흡곤란, 경련, 맥박 저하 등의 상태가 계속되다가 몇 시간이 지나면 회복된다.
- 봄에서 가을 사이에 정원과 밭, 특히 썩은 나무 근처에 군생한다. 지리산, 한라산, 무등산(광주), 모악산 등 전국에 분포하고 있다.

두엄먹물버섯

먹물버섯

- 갓은 중소형으로 종 모양 또는 원추형에서 차차 편평해지며 가장자리는 위로 말린다. 회색 또는 연한 황갈색으로 갈색의 가는 인편으로 덮여 있고 나중에 탈락하여 매끄러워지며 줄무늬 홈선이 나타나고 방사상으로 갈라진다. 주름살은 백색에서 자갈색을 거쳐 흑색이 되는데 액화되어 없어진다. 자루는 비교적 길며 백색이고 속은 비어 있으며 중간에 불완전한 턱받이의 흔적이 있다. 포자의 크기는 중대형이고 타원형이다.
- 먹물버섯(*C. commatus*)과 모양, 크기가 비슷하지만 순백색이어서 구별되며, 갓이 원주상으로 분명한 거친 인편이 있어서 구별된다. 이 버섯은 어릴 때 맛이 있으며 재배도 가능하다. 도시의 포장도로를 뚫고 나오는 무서운 생명력을 가지고 있다.

갈색먹물버섯 *Coprinus micaceus* 먹물버섯과

- 독성분은 트립타민으로 술과 함께 먹으면 악취상태인 얼굴이 화끈거리고 붉어지며 두통, 맥박 느림 등의 상태가 된다. 또 독성분으로 인돌알칼로이드도 함유하기 때문에 많이 먹으면 중추신경계통의 증상도 나타난다.
- 여름에서 가을 사이에 활엽수의 그루터기나 땅에 군생 또는 속생한다. 소백산, 한라산, 다도해해상국립공원, 방태산, 지리산, 내장산 등에 분포하고 있다.
- 갓은 소형으로 종 모양 또는 원추형에서 펴지며 가장자리는 위로 말린다. 연한 황갈색으로 가는 운모상의 인편이 있는데, 나중에 떨어져서 매끄

러워지며 가장자리에 방사상의 줄무늬 홈선이 있다. 주름살은 백색에서 흑색이 되어 액화하지만 두엄먹물버섯이나 먹물버섯처럼 심하지는 않다. 자루는 비교적 짧고 백색이며 속은 비어 있고 아래쪽에 불완전한 턱받이의 일부가 남아 있다. 포자의 크기는 중형이고 타원형인데 한 끝이 뾰족하고 납작하다.

갈색먹물버섯

사람과 더불어 즐겁게 사는 버섯

옛날부터 맛있게 먹어온 버섯들에 독성분이 함유되어 있다는 사실이 최근 연구를 통해 밝혀지고 있다. 버섯은 다양한 성분을 가지고 있기 때문에 해롭거나 이로운 성분의 많고 적음에 따라 식용버섯과 독버섯의 여부를 가린다. 실제로 맛있는 식용버섯의 경우에도 미량의 독성분이 있지만 몸에 해를 입히지는 않는다. 오히려 이런 독성분은 이로운 성분의 작용을 도와주는 역할을 하기도 한다. 따라서 독성분의 상당수가 약용이나 항암작용을 하는 것으로 알려져 있다.

꾀꼬리버섯 *Cantharellus cibarius* 꾀꼬리버섯과
● 전 세계 사람들이 즐겨 먹는 식용버섯이지만 날것으로 먹거나 너무 많이 먹으면 중독증상이 나타날 수도 있다. 이 버섯은 식물과 공생하는 균근성으로 살구 같은 향기가 난다. 유럽에서는 대표적인 식용균으로 귀하게 여

꾀꼬리버섯　　　　　　　　　　　　　　빛바랜작은꾀꼬리버섯

겨지며 크리스마스 때 선물하기도 한다. 최근 연구에서 아주 적은 양이지만 독성분인 세슘137 등 방사성 중금속을 축적하는 것으로 밝혀졌는데, 식용버섯으로서 신뢰성이 떨어질 수 있지만 더 많은 연구가 필요한 것으로 보인다. 독성분은 노르카페라틱산과 아마톡신류가 아주 적게 포함되어 있지만 인체에는 전혀 해가 없다.

● 여름에서 가을 사이에 활엽수나 침엽수림의 땅에 군생한다. 속리산, 월출산, 지리산, 모악산 등 남북한 전역에 분포한다.

● 버섯은 중소형이고 전체가 노란색이다. 갓은 가운데가 조금 오목하고 불규칙한 원형인데 가장자리는 얇게 갈라지며 물결 모양이고 매끄럽다. 주름살은 방사상으로 늘어선 긴 내린주름살이고 가지를 쳐서 맥상으로 연결된다. 자루는 원주형이고 중심성 또는 편심성이다. 자루의 밑에는 백색의 솜털 모양 균사가 부착하며 속은 차 있고 아래쪽으로 가늘다. 포자의 크기는 중형으로 타원형이며 포자문은 크림색이다.

● 유사종인 애기꾀꼬리버섯(*C. minor*)은 크기가 매우 작아서 쉽게 구별이 된다. 또 빛바랜작은꾀꼬리버섯(*C. minor* f. *pallid*)도 유사한 버섯이다.

능이 *Sarcodon aspratus* 사마귀버섯과

- 우리나라에서는 대표적인 식용버섯으로 송이보다 더 좋은 버섯으로 취급하는 지방도 있다. 일본에서는 이 버섯의 중독사례가 보고된 바 있는데, 날것으로 먹거나 너무 많이 먹으면 위장계의 중독을 일으킨다. 말리면 독특한 향기가 나 향버섯이라고도 하며 쓴맛도 있다. 지금도 시골에서는 고기를 먹고 체했을 때 능이를 삶아먹는다. 독성분은 확실하지 않지만 사람에 따라 드물게 혀나 목구멍의 마비, 발진, 배변시 항문의 통증이 나타난다.
- 여름에서 가을 사이에 활엽수림의 땅에 산생하거나 열을 지어 군생하기도 한다. 두륜산, 방태산, 지리산 등 전국에 자생한다.
- 갓은 대형으로 나팔꽃 모양이고 가운데는 줄기의 밑까지 깊숙이 뚫려 있다. 거칠고 위로 뒤집혀진 각진 모양의 인편이 빽빽하게 덮여 있으며, 전체가 분홍색이나 연한 갈색이었다가 홍갈색 또는 흑갈색을 거쳐 건조하면 흑색이 된다. 살은 연한 홍백색인데 건조하면 회갈색이 되며 독특한 냄새가 있다. 아랫면의 침은 길이 1센티미터 이상으로 자루의 아래로 길게 늘어난

노루털버섯

능이

다. 자루는 비교적 짧고 매끄러우며 갓보다 연한 색을 띤다. 포자는 중형으로 아구형이며 연한 갈색이고 사마귀점 같은 것이 있다.
- 유사종인 노루털버섯은 갓이 다갈색이나 흑갈색이며 기와 모양의 큰 인편이 있는 점이 다르다.

부록 1

버섯의 용어 설명

관공 pore tube 자실층이 주름살 대신 관 모양의 구멍으로 되어 있는 것.
균근균 mycorrhizae 버섯의 균사가 고등식물의 뿌리와 공생하여 서로 도우며 살아가는 균으로 균근 형성균이라고도 한다.
균륜 fair ring 군생하는 것으로 버섯이 원둘레 모양으로 열을 지어 나는 상태이며, 나무의 나이테처럼 매년 바깥쪽으로 퍼져나간다.
균모 pileus 버섯(자실체)의 위쪽 부분으로 갓이라고도 한다.
균사 hyphae 균류의 기본을 이루는 형태로 세포가 길게 실 모양으로 연결된 것.
균핵 sclerotium 균사 상호 간에 서로 엉키고 밀착되어 있는 균사 조직의 덩어리.
끝붙은주름살 free 주름살이 자루의 기점에 붙어 있는 것.
기본체 gleba 담자균의 복균류나 자낭균류의 덩이버섯에서 외피 속의 조직.
내린주름살 decurrent 주름살이 길게 매달린 것처럼 자루까지 붙어 있는 것.
담자균류 basidiomycetes 균류 중에서 담자기에 보통 네 개의 담자포자를 형성하는 균류로 간혹 두 개를 만드는 것도 있다.
담자기 basidium 담자균류에서 포자를 형성하는 곤봉 모양의 구조.
담자포자 basidiospore 담자기 내에서 감수분열하여 담자기 외부에 네 개의 담자포자를 형성하는데 간혹 두 개를 만드는 것도 있다.
대주머니 volva 자루의 근부를 둘러싼 주머니 모양의 조직으로 덮개막이라고도 한다. 갓 위에 생긴 사마귀나 비늘조각은 대주머니의 조직이 갈라져서 남아 있는 것이다.
떨어진주름살 remote 주름살이 자루와 완전히 떨어져서 갓에 붙어 있는 것.
턱받이 annulus 고리라고도 하는 자루의 부속물로, 어릴 때는 버섯의 가장자리와 연결되고 성장하면 자루의 윗부분이나 가운데 부분에 원반 모양 또는 거미집 모양으로 남아 있다.

바른주름살 adnate 주름살이 자루에 직접 연결되어 붙어 있는 것.

방사상 radially 중심에서 바깥쪽으로 우산살처럼 뻗은 모양.

방추상 fusiform 포자나 낭상체의 양끝이 좁아지는 모양.

백색부후균 white rot fungus 목질의 섬유소를 분해하여 목질부를 백색으로 변화시키는 균.

아구형 subspore 구형과 비슷한 모양.

올린주름살 adnexed 주름살이 자루의 꼭대기에 붙은 것.

외피 peridium 복균류나 덩어리 버섯류와 같이 자실체(지하생)의 바깥 껍질.

인편 scale 버섯의 갓 또는 자루의 표면에 외피 조각들이 붙어 있는 것.

자낭 ascus 보통 여덟 개의 자낭포자가 들어 있는 것이 대부분이나 네 개 또는 열여섯 개가 들어 있는 긴 주머니 모양의 자루.

자낭균류 ascomycetes 균류 가운데 자낭에 자낭포자를 형성하는 균.

자낭포자 ascospore 자낭균류의 자낭 속에서 감수분열하여 만들어진 포자.

자루 stipe 버섯을 지탱하고 있는 기둥 모양의 부분으로 대라고도 한다.

자실체 fruiting body 균류의 포자를 만드는 생식기관으로 흔히 버섯이라고 하는 부분.

자실층 hymenium 자실체 내에서 담자기 또는 자낭으로 구성된 조직. 담자균류에서는 주름살의 표면이나 관의 내부에서 볼 수 있으며, 자낭균류에서는 자낭각의 내부나 균류의 내부에서 발달한다.

주름살 lamella 주름버섯류에서 갓의 아랫면에 부채 주름모양으로 구성되어 있는 것으로 포자를 형성하는 기관.

측생 lateral 갓의 옆 가장자리에 자루가 붙어 있는 것으로 균모가 원형이 아니고 부정형인 것에서 볼 수 있다.

포자문 spore print 버섯의 갓을 수평으로 잘라 흰 종이 또는 검은 종이 위에 주름살이 아래쪽으로 가도록 놓고 컵을 덮어 놓으면 포자가 종이 위에 떨어져서 포자 무늬를 나타낸다.

홈파진주름살 sinuate 주름살이 자루와 가까운 부분에서 높이가 낮아져 자루를 오목하게 둘러싸고 있는 것.

부록 2
독버섯의 독성분 설명

노르카페라틱산 norcaperatic acid 눈물, 평활근 경직, 균형감각 상실
네마토린 nematorin 쓴맛 물질, 세포독성물질, 항균물질
루시페롤 luciferol 세포독성
무스카린 muscarine 신경계통에 작용, 땀, 혈류, 혈압에 관여
무시몰 mucimol 술에 취한 상태, 중추신경계통의 흥분, 생체 내에서 무시몰로 작용하여 중추신경계 억제
부포테닌 bufotenine 시각, 환상의 중추신경계 증상
실로시빈 psilocybin 환각, 정신착란
실로신 psilocin 환각, 정신착란
아크로멜릭산 acromelic acid 쥐의 중추신경 · 신경세포 흥분
아마니타톡신 amanitatoxine 간세포 파괴
아마톡신 amatoxins 간세포 파괴
아세틸콜린 acetylcholine 중추신경계통과 말초신경계통에 작용
알리글리신 allyglycine 마비증상
에모딘 emodin 설사나 출혈
오스토파닉산 ostopanic acid 지방산, 세포독
우스탈산 ustalic acid 쥐의 운동저하, 치사
이보텐산 ibotenic acid 술에 취한 상태, 중추신경계통의 흥분, 생체 내에서 무시몰로 작용, 중추신경계통 억제
인돌알칼로이드 indole alkaloid 중추신경계통과 말초신경계통에 작용
일루딘 S. M: illudin 마우스에 치사, 암세포에 세포독성, 항암제, 정상세포에 독성
지로미트린 gyromitrin 간에 독성, 약한 간암 유발

짐노피린 gymnopilin 쓴맛, 마우스 중추신경 흥분
파시울라리시스 fasciulolarelysis 용혈성 단백질
파시큐롤 fasciculsol 쓴맛, 호흡, 신경마비
페로리신 ferorisine 용혈성 단백질
코프린 coprine 술과 함께 먹으면 악취상태. 알코올 대사에서 효소의 작용을 중지
콜린 choline 중추신경계통과 말초신경계통에 작용
트리코테센 trichothecene 백혈구의 감소, 피부의 건조증
트리콜롬산 tricholomic acid 술에 취한 상태, 중추신경계의 흥분, 생체 내에서 무시몰로 작용, 중추신경계 억제
트립타민 tryptamine 환각성 물질

부록 3

버섯의 구조와 형태

1. 버섯의 구조

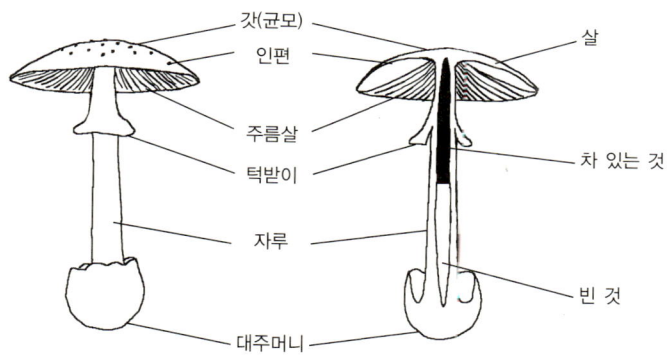

2. 갓의 표면

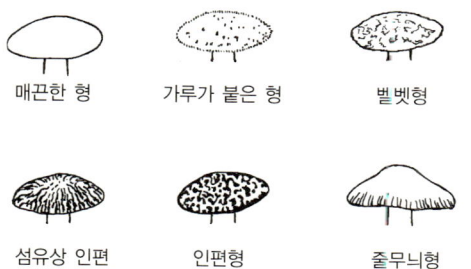

3. 주름살이 자루에 붙는 상태

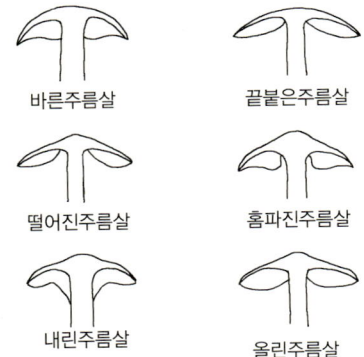

4. 주름살의 간격

5. 버섯의 발생상태

6. 자루의 발생상태

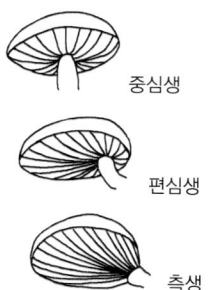

중심생

편심생

측생

부록 4

멜저액에 의한 생화학적 반응 실험

버섯을 동정하기 위한 한 방법으로 멜저(melzer)액에 포자가 어떻게 염색되는가를 살펴 분류에 이용하는 중요한 방법이다. 시약은 증류수 20그램에서 요오드(I) 0.5그램, 요오드칼리(KI) 1.5그램, 포수클로랄 22그램을 차례로 녹여서 만드는데, 잘 녹지 않으면 유리막대로 저으면서 녹인다. 포자에 증류수를 떨어뜨려 색깔을 관찰한 다음, 이 시약을 한 방울 떨어뜨려 포자의 색깔이 어떻게 염색되는가를 관찰한다. 다음 세 가지 반응 가운데 어느 하나에 해당되는가를 관찰하여 판정한다.

아밀로이드(amyloid, 전분) 반응은 포자의 막이 연한 회색이나 회청자색, 암자색 또는 검은색으로 염색되는 것으로 무당버섯과 무당버섯속과 젖버섯속 등이 이 반응을 나타낸다. 비아밀로이드(nonamyloid, 비전분) 반응은 포자의 막이 연한 황색으로 변하거나 염색되지 않는 것으로 방망이버섯속, 느타리버섯속 등이 이 반응을 나타낸다. 거짓(僞)아밀로이드(pseudoamyloid, 거짓전분) 반응은 포자의 막이 적갈색 또는 자갈색으로 염색되는 것으로 이 반응이 나타나는 것에는 갓버섯속 등이 있다. 그러나 같은 속이더라도 종에 따라서 아밀로이드와 비아밀로이드 반응을 나타내기도 한다.

참고문헌

김경숙, 《쉽게 찾는 우리 버섯》, 현암사, 1999.
농촌진흥청, 《한국의 버섯》, 동방미디어, 2004.
류천인·조덕현, 《균학개론》, 대광문화사, 1996.
박완희·이호득, 《한국의 버섯》, 교학사, 1991.
배기환·박완희·정경수·안병태·이준성, 《한국의 독버섯, 독식물》, 교학사, 1997.
서재철·조덕현, 《제주도 버섯》, 일진사, 2004.
윤영범·현운영, 《조선포자식물 2》, 과학백과사전종합출판사, 1989.
이영록, 《생물의 역사》, 법문사, 1996.
이지열, 《버섯생활백과》, 경원미디어, 2007.
이지열, 《원색 한국의 버섯》, 아카데미서적, 1988.
이지열·홍순우, 《한국동식물도감(버섯류)》, 문교부, 1985.
이태수·이지열, 〈한국 기록종 버섯 재정리목록〉, 임업연구원, 2000.
조덕현, 《버섯》, 웅진닷컴, 2003.
조덕현, 《버섯》, 지성사, 2001.
조덕현, 《버섯》, 한솔, 2004.
조덕현, 《원색 한국의 버섯》, 아카데미, 2003.
조덕현, 《한국의 버섯》, 대원사, 1997.
조덕현·임웅규·이재일, 《암에 도전하는 동충하초》, 진솔, 1998.
한국균학회, 〈한국말 버섯이름 통일안〉, 《한국균학지》 2(1): 43–55, 1978.

Ammirati, J. F., Traquair, J. A., and Horgen. P. A., *Poisonous of the Northern United States and Canada*, University of Minnesota Press, Minneapolis, 1985.

Breitenbach, J. & F. Kranzlin, *Fungi of Switzerland*(1984-2005).

Bresinsky, A. & Besl, H., *Giftpilze*, Wissenschaftliche Verlagsgesellschaft mbH, Stuttgart, 1985.

Cetto, B., *Pilze(1-4)*, BLV verlagsgesellschaff Munchen Wien Zurich, 1987.

Courtecuisse, R., and Duhen, *Les Champignons de France*, Eclectis, 1994.

Dahncke, R. M., *1200 Pilze*, At Verlag, 1993.

Dennis, R. W. G., *British Ascomycetes*, J. Cramer, 1981.

Imazeki, R. and T. Hongo, *Colored Illustrations of Mushrooms of Japan*, Vol. I, Hoikusha, Japan, 1987.

Imazeki, R. and T. Hongo, *Colored Illustrations of Mushrooms of Japan*, Vol. II, Hoikusha, Japan, 1989.

Moser, M. and W. Julich, *Colour Atlas of Basidiomycetes*, Gustav Fischer Verlag, 1981.

Phillips, R., *Mushrooms and other Ffungi of Great Britain and Europe*, 1981.

Phillips, R., *Mushrooms of North America*, Little, Brown and Company, 1991.

Shirahama, H., *Poisonous Fungi in Japan*, Gakken, 2003.

橫山和正, 〈食用버섯과 毒버섯〉, 《食品과 微生物》, 5(2): 89-94, 1988

朝日新聞社, 《きのこの 世界》, 1997.

버섯이름 찾아보기

가시갓버섯 171
가죽색젖버섯 136
갈색고리갓버섯 170
갈색먹물버섯 206
갈황색미치광이버섯 40, 52, 94
거친껄껄이그물버섯 199
검은띠말똥버섯 40, 89, 90, 93
검은소름그물버섯 200
검은점갓주머니학버섯 120
검정그물버섯 92
고동색우산버섯 117
곰보버섯 20, 48
광대버섯 19, 23, 26~33, 34, 41, 49, 50, 52, 63, 65, 67, 78~82, 105, 116, 119, 144, 152
광비늘주름버섯 165
구근광대버섯 120
구름버섯 20
구슬광대버섯 110
굴털이아재비 132, 133
그물버섯 21, 45, 46, 55, 192
그물버섯아재비 48, 195

금빛송이 155
긴골광대버섯아재비 121
깔대기무당버섯 126
깔때기버섯 19, 182, 184
꽃동충하초 13
꾀꼬리버섯 207
끈적붉은젖버섯 139

나팔버섯 49, 185, 187
냄새무당버섯 125, 126
노란가루그물버섯 202
노란길민그물버섯 200
노란꼭지외대버섯 162
노란다발버섯 69
노란막광대버섯 68, 114, 115
노란매운젖버섯 142
노란젖버섯 133
노랑싸리버섯 50, 102, 103
녹색미치광이버섯 92
느타리버섯 56, 84, 152
능이 209

단발머리땀버섯 145
달걀버섯 30, 31, 55, 79
담갈색송이 153
덧부치버섯 74
독그물버섯 55
독갈때기버섯 84
독송이 152
독우산광대버섯 52, 55, 62, 63, 64, 65, 117
독젖버섯 140
독큰갓버섯 57, 172
독황토버섯 72
두엄먹물버섯 53, 205, 207
두엄웃음버섯 40
땀버섯 27, 144, 149, 187
땅비늘버섯 173
때죽도장버섯 20

마귀곰보버섯 42, 52, 57, 75, 190
마귀광대버섯 18, 52, 62, 79, 80, 81, 11, 113, 123
말똥버섯 37, 39, 40, 87, 88, 89, 188
말똥버섯아재비 40
말불버섯 27, 202
맑은애주름버섯 85
먼지버섯 21
목장말똥버섯 50
물젖버섯 143
미치광이버섯 41, 93

밤색갓버섯 68, 70
방추광대버섯 110
방패외대버섯 162

배불뚝이깔대기버섯 204
밴주름검은갓버섯 129
뱀껍질광대버섯 109
볏짚어리알버섯 202
보라땀버섯 145
보랏빛주름젖버섯 138
봄활촉버섯 163
분말그물버섯 201
붉은꼭지외대버섯 163
붉은사슴뿔버섯 75, 76
붉은싸리버섯 103
붉은점박이광대버섯 122
붉은주머니광대버섯 115, 116
붉은창싸리버섯 77
비늘버섯 172, 174
비단그물버섯 98~101
비단깔때기버섯 183
비듬땀버섯 148
비탈광대버섯 105, 106
빛바랜작은꾀꼬리버섯 208
뽕나무버섯 48, 97
뽕나무버섯부치 155, 156

산속그물버섯아재비 195
삿갓땀버섯 146
삿갓외대버섯 55, 160
새털젖버섯 133, 134, 136
색깔이닭알버섯 123
솔땀버섯 50, 144
솔버섯 19, 96
송이버섯 5, 20, 21, 22, 24, 43, 55, 82-86, 151, 152

숲주름버섯 164
쓴맛그물버섯 193

아교뿔버섯 188
안장마귀곰보버섯 76
안장버섯 190
알광대버섯 55, 57, 61, 64, 65, 66, 71, 72, 109, 122, 164
알광대버섯아재비 65
암회색광대버섯 107
암회색광대버섯아재비 108
애광대버섯 57, 82, 123
애기무당버섯 128
애기흰땀버섯 147, 148, 151
애우산광대버섯 111
양송이버섯 19, 42, 57, 160
영지버섯 48, 49
외대버섯 160, 161
우단버섯 178, 179
우산버섯 67, 116, 117, 122
웃음독벗은갓버섯 40
웃음버섯 38, 40
유황송이 19, 154
은빛쓴맛그물버섯 196
은행버섯 181
은행잎우단버섯 180, 181
잎새버섯 42

작은닭알독버섯 124
재비늘버섯 175
재빛매운젖버섯 137
잿빛가루광대버섯 113

쟈바달걀버섯 66
절구버섯 74, 75
절구버섯아재비 51, 73, 75
점박이광대버섯 119
젖그물버섯 100
젖버섯 58, 131, 133, 136, 138
젖비단그물버섯 99
제주쓴맛그물버섯 194
좀말똥버섯 88
좀우단버섯 178
좀환각버섯 90
주름버섯 15, 160
주름안장버섯 190
진갈색먹그물버섯 194
진갈색주름버섯 166

참나무버섯 19
참부채버섯 84
침비늘버섯 176

큰갓버섯 48, 167, 168
큰갓버섯아재비 168
큰느타리버섯 152
큰붉은젖버섯 142
큰우산버섯 168
큰주머니광대버섯 67, 115

탄자리기름갓버섯 175
턱받이광대버섯 65, 67, 122
털땀버섯 150
털매운젖버섯 142
털밤그물버섯 177

털젖버섯아재비　135
테두리웃음버섯　40, 88
튼그물버섯　192

파리버섯　27, 81, 113
파상땅해파리　191
팽이버섯　20, 21, 56, 94
평원비단그물버섯　100
푸른유액젖버섯　137
피버섯　19
피즙전나무끈적버섯　187

학버섯　118
할미송이　159
홍색애기무당버섯　126
화경버섯　44, 56, 83, 84
황금싸리버섯　102
회색달걀버섯　109
회흑색광대버섯　71

후지나팔버섯　186
흑비늘송이　158
흑자색쓴맛그물버섯　197
흙무당버섯　127
흠집남빛젖버섯　141, 142, 143
흰가시광대버섯　118
흰갈대버섯　169, 170
흰갈색송이　156
흰꼭지외대버섯　161
흰냄새깔때기버섯　185
흰땀버섯　151
흰무당버섯아재비　129
흰무리버섯　158
흰삿갓깔때기버섯　184
흰송이　157
흰알광대버섯　51, 63, 65
흰오뚜기광대버섯　106
흰우산버섯　116
흰주름버섯　65

버섯학명 찾아보기

Agaricus arvensis 65
Agaricus praeclaresquamosus 165
Agaricus silvaticus 164
Agaricus subrutilescens 166
Amanita abrupta 105
Amanita caesare 30
Amanita castanopsidis 106
Amanita ceciliae 119
Amanita citrina var. citrina 123
Amanita excelsa 110
Amanita farinosa 111
Amanita flavipes 112
Amanita fuliginea 71
Amanita griseofarinosa 113
Amanita gymnopus 120
Amanita hemibapha subsp. hemibapha 131
Amanita hemibapha subsp. javanica 66
Amanita hemibapha subsp. smilis 109
Amanita longistriata 121
Amanita melleiceps 81
Amanita muscaria 19, 27, 78

Amanita neoovoidea 114
Amanita pantherina 18, 79
Amanita phalloides 61
Amanita porphyria 107
Amanita pseudoporphyria 108
Amanita rubescens 112
Amanita rubrovolvata 115
Amanita spissacea 109
Amanita spreta 66
Amanita subjunquillea 65
Amanita sychnopyramis f. subannulata 110
Amanita vaginata var. alba 116
Amanita vaginata var. fulva 117
Amanita vaginata var. vaginata 117
Amanita verna 63
Amanita virgineoides 118
Amanita virosa 64
Amanita volvata 67
Armillariella mellea 97
Asterophora lycoperdoides 74
Armillariella tabescens 155

B. griseus 92
B. reticulatus 195
Boletellus russellii 177
Boletus calopus 192
Boletus pseudocalopus 195

C. commatus 206
C. minor 208
C. minor F. *pallid* 208
Calosera viscosa 188
Cantharellus cibarius 207
Chlorophyllum molybdites 169
Clavulinopsis miyabeana 77
Clitocybe acromelalga 84
Clitocybe candicans 183
Clitocybe clavipes 204
Clitocybe fragrans 184
Clitocybe gibba 19, 82
Coprinus atramentarius 205
Coprinus micaceus 206

Dermocybe sanguinea 187

Entoloma clypeatum 162
Entoloma murraii 162
Entoloma murraii f. *album* 161
Entoloma quadratus 163
Entoloma rhodopolium 160

Flammulina velutipes 94

Galerina fasciculata 72

Gomphus floccosus 185
Gomphus fujisanensis 186
Gymnopilus aeruginosus 92
Gymnopilus liquiritiae 93
Gymnopilus spectabilis 94
Gyromitra esculenta 42, 75
Gyromitra infula 76

Helvella crispa 190

Inocybe asterospora 146
Inocybe cookei 145
Inocybe fastigiata 144
Inocybe geophylla 147
Inocybe geophylla var. *lilacina* 147
Inocybe kobayasii Hongo 149
Inocybe lacera 148
Inocybe maculata 150
Inocybe umbratica 151

Lactarius acris 137
Lactarius chrysorrheus 133
Lactarius glaucescens 137
Lactarius hysginus 139
Lactarius necator 140
Lactarius piperatus 131
Lactarius pterosporus 136
Lactarius repraesentaneus 138
Lactarius scrobiculatus 141
Lactarius subpiperatus 132
Lactarius subvellereus 135
Lactarius torminosus 142

Lactarius uvidus 143
Lactarius vellereus 134
Lampteromyces japonicus 83
Leccinum scabrum 199
Lepiota acutesquamosa 171
Lepiota castanea 68
Lepiota cristata 170

Macrolepiota neomastoidea 172
Macrolepiota procera 167
Mycena pura 85

Naematoloma fasciculare 69

Panaeolus fimicola 40
Panaeolus papilionaceus 87
Panaeolus sphinctrinus 88
Panaeolus subbalteatus 40, 89
Panellus serotinus 84
Paxillus atrotomentosus 178
Paxillus curtisii 181
Paxillus involutus 179
Paxillus panuoides 180
Pholiota highlandensis 175
Pholiota squarrosa 174
Pholiota squarrosoides 176
Pholiota terrestris 173
Phylloporus bellus 200
Pleurotus ostreatus 84
Podostoloma cornudamae 76
Psilocybe coprophila 90
Pulveroboletus ravenelii 201

Ramaria aurea 102
Ramaria flava 103
Ramaria formosa 103
Rhizina undulata 191
Rhodophyllus crassipes 161
Russula densifolia 128
Russula emetica 125
Russula foetens 126
Russula fragilis 126
Russula japonica 129
Russula nigricans 74
Russula senecis 127
Russula subnigricans 73

Sarcodon aspratus 209
Scleroderma flavidum 202
Suillus granulatus 99
Suillus luteus 99
Suillus placidus 100

Tricholoma albobrunneum 156
Tricholoma flavovirens 155
Tricholoma japonicum 157
Tricholoma muscarium 152
Tricholoma saponaceum 159
Tricholoma sulphureum 19, 154
Tricholoma ustale 153
Tricholoma virgatum 158
Tricholomopsis rutilans 96
Tylopilus eximius 196
Tylopilus felleus 193
Tylopilus neofelleus 194

Tylopilus nigerrimus   91
Tylopilus nigropurpureus   197

Xanthoconium affine   194

조덕현의 재미있는
독버섯 이야기

초판 찍은 날 2007년 10월 26일   초판 펴낸 날 2007년 10월 31일

지은이 조덕현
펴낸이 변동호
출판실장 옥두석 | **책임편집** 이선미, 변영신 | **디자인** 김혜영 | **일러스트** 임동일 | **마케팅** 김현중 | **관리** 이정미

펴낸곳 (주)양문 | **주소** (110-260)서울시 종로구 가회동 170-12 자미원빌딩 2층
전화 02.742.2563~2565 | **팩스** 02.742.2566 | **이메일** ymbook@empal.com
출판등록 1996년 8월 17일(제1-1975호)
ISBN 978-89-87203-87-4 03400   잘못된 책은 교환해 드립니다.